지적 여행자를 위한 슈퍼스도쿠 200문제

지적 여행자를 위한 슈퍼스도쿠 200문제

초급 중급

오정환 지음

보누스

스도쿠에 도전한다

스도쿠는 전 세계에서 가장 사랑받는 수학 퍼즐이다. 많은 사람이 스도쿠에 열광하는 이유는, 1에서 9까지의 숫자를 중복 없이 채운다는 기본 규칙만 지키면 푸는 과정에서 논리력과 추리력을 단련하고 두뇌 트레이닝이 되기 때문이다. 이 책에는 퍼즐 전문가가 높은 완성도를 자랑하는 퍼즐들만 모았다. 문제를 푸는 데 다음의 기본 풀이법이 도움이 될 것이다.

스도쿠 용어와 읽기 요령

셀(cell) : 표 안에 있는 81개의 작은 칸

박스(box) : 셀이 가로, 세로 각각 3칸씩 합쳐진 9개의 커다란 칸

컬럼(column) : 세로로 연결된 9개의 셀

로우(row) : 가로로 연결된 9개의 셀

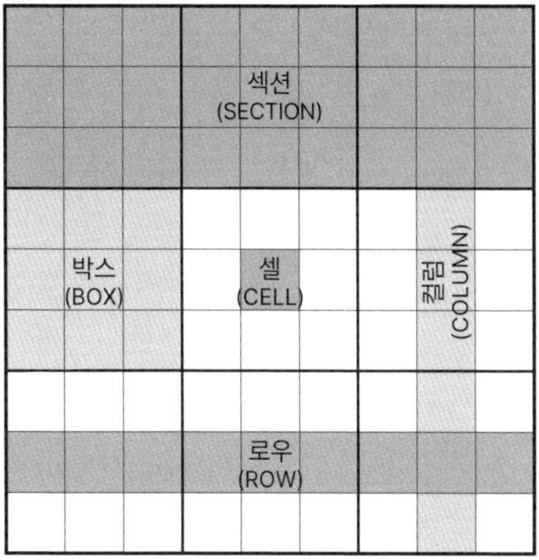

표를 읽을 때는 항상 왼쪽에서 오른쪽, 위에서 아래로 읽는다. 따라서 맨 위 왼쪽 커다란 상자가 박스1, 맨 아래 오른쪽 커다란 상자가 박스9가 된다. 마찬가지로 맨 위 가로로 연결된 9개의 셀이 로우1이고, 맨 아래 가로로 연결된 9개의 셀이 로우9가 된다. 같은 방식으로 맨 왼쪽 세로로 연결된 9개의 셀이 컬럼1이고, 맨 오른쪽 세로로 연결된 9개의 셀이 컬럼9가 된다.

셀, 박스, 컬럼, 로우 등을 우리말로 바꾸어 칸, 상자, 열, 줄 등으로 부를 수도 있으나, 세계적인 게임이므로 이 책에서는 원어를 그대로 사용하기로 한다. 한편, '셀'과 '박스'의 의미는 책마다 다를 수 있음을 밝혀둔다.

스도쿠 푸는 요령

스도쿠를 풀기 위해서는 '가로, 세로, 3×3 박스 안의 9개의 칸에 1부터 9까지의 숫자를 채워 넣는다'는 기본 규칙만 지키면 된다. 다음 〈예1〉은 스도쿠를 이 규칙에 따라 일부 풀어낸 모습이다. 아직 풀지 못한 셀의 왼쪽 위에는 작은 글씨로 후보숫자candidate를 적었다. 후보숫자란 각 셀 안에 들어갈 수 있는 숫자를 말한다.

3	25	258	6	12578	9	4	178	57
248	6	2458	23578	124578	348	378	13789	3579
9	7	1	358	458	348	6	38	2
5	3	9	1	478	6	78	2	47
247	8	24	9	3	5	1	6	47
47	1	6	78	478	2	5	3789	3479
6	25	7	2358	258	38	9	4	1
28	4	258	2358	9	1	37	37	6
1	9	3	4	6	7	2	5	8

예1

- **컬럼과 박스가 교차하는 영역 살펴보기**

〈예1-1〉에서 색칠한 가운데 박스들을 보자. 이 중 컬럼5의 셀들에는 후보숫자 4가 적힌 셀이 4개 있다. 그런데 박스5에 들어갈 후보숫자 4는 컬럼5와 겹치는 영역에만 있다. 이 중 하나가 남아야 하므로 컬럼5의 셀들 중 박스5와 겹치지 않는 영역에 있는 후보숫자 4는 제거한다.

3			6	12578	9	4		
	6		23578	124578	348			
9	7	1	358	458	348	6		2
5	3	9	1	478	6		2	
	8		9	3	5	1	6	
	1	6	78	478	2	5		
6		7	2358	258	38	9	4	1
	4		2358	9	1			6
1	9	3	4	6	7	2	5	8

예1-1

컬럼 대신 로우와 박스가 교차하는 영역을 살펴보는 방법도 있다. 이 방법으로 로우3에 들어갈 4의 위치를 알 수 있다. 그런데 이 방법으로는 다른 셀을 더 풀어낼 수 없다.

- **2개짜리 짝 찾기**

〈예1-2〉의 컬럼9에 필기체로 써넣은 후보숫자들을 보라. 컬럼9에서 셀4와 셀5에는 각각 4 또는 7만 들어갈 수 있고, 다른 숫자는 들어갈 수 없다. 이렇게 한 쌍의 셀에 들어갈 답이 좁혀졌으므로 이 컬럼의 다른 셀에 적힌 후보숫자 중에 4와 7은 제거한다. 그러면 컬럼9의 첫 번째 셀에는 5만 넣을 수 있다. 스도쿠의 나머지 부분도 이 방법을 이용해 채워나갈 수 있다.

3			6		9	4		57
	6							3579
9	7	1			4	6		2
5	3	9	1		6		2	47
	8		9	3	5	1	6	47
	1	6			2	5		3479
6		7				9	4	1
	4			9	1			6
1	9	3	4	6	7	2	5	8

예1-2

아래 〈예2〉는 새로운 문제다. 이 문제는 앞에서 설명한 방법으로 가운데 박스의 셀들에 들어갈 숫자를 모두 써넣은 상태다. 스도쿠를 푸는 기본적인 방법을 배웠으니 이제 〈예2〉와 같은 어려운 스도쿠를 푸는 방법도 배워보자.

8	23	7	6	9	5	4	23	1
4	6	25	7	1	3	259	259	8
9	13	135	2	8	4	357	357	6
17	5	19	4	2	8	6	179	3
3	148	18	9	7	6	15	145	2
2	479	6	5	3	1	79	8	47
5	123	123	8	4	7	123	6	9
6	3789	389	1	5	2	37	347	47
17	127	4	3	6	9	8	127	5

예2

• **숨겨진 2개짜리 짝 찾기**

로우8에는 후보숫자 8과 9가 2개의 셀에 함께 있다. 즉 8과 9는 2개의 셀에만 일정한 순서대로 들어갈 수 있다. 그러므로 이 2개의 셀에 다른 숫자는 들어갈 수 없다. 따라서 〈예2-1〉에서 보듯이 이 2개의 셀에서 다른 후보숫자를 지울 수 있다.

8		7	6	9	5	4		1
4	6		7	1	3			8
9			2	8	4			6
	5		4	2	8	6		3
3			9	7	6			2
2		6	5	3	1		8	
5	123	123	8	4	7	128	6	9
6	3789	289	1	5	2	37	347	47
17	127	4	3	6	9	8	127	5

예2-1

오른쪽 맨 아래 박스에서는 '숨겨진 2개짜리 짝'을 찾을 수 있다. 이 박스에는 후보숫자 1과 2가 2개의 셀에 함께 있다. 즉 1과 2는 2개의 셀에만 일정한 순서대로 들어갈 수 있다. 따라서 이 2개의 셀에서 나머지 후보숫자들을 제거해야 한다. 이제 계속해서 스도쿠를 풀 수 있는 다음 방법을 알아보자.

- **3개짜리 짝 찾기**

컬럼2에 후보숫자 1, 2, 3을 전부 또는 일부 적은 3개의 셀이 있다.

8	23	7	6	9	5	4		1
4	6		7	1	3			8
9	13		2	8	4			6
	5		4	2	8	6		3
3	148		9	7	6			2
2	479	6	5	3	1		8	
5	123		8	4	7		6	9
6	89		1	5	2			
	127	4	3	6	9	8		5

예2-2

그러므로 이 3개의 숫자는 3개의 셀에 어떤 규칙대로 놓여야만 한다. 이제 컬럼2의 다른 모든 셀에서 후보숫자 1과 2를 제거할 수 있다. 이 방법으로 컬럼2의 맨 아래 셀을 풀 수 있다.

이 책에 있는 스도쿠를 풀고 다른 《슈퍼 스도쿠 시리즈》에도 도전해보길 바란다. 스도쿠를 완성했을 때 느낄 수 있는 짜릿한 쾌감과 재미가 당신을 기다리고 있다.

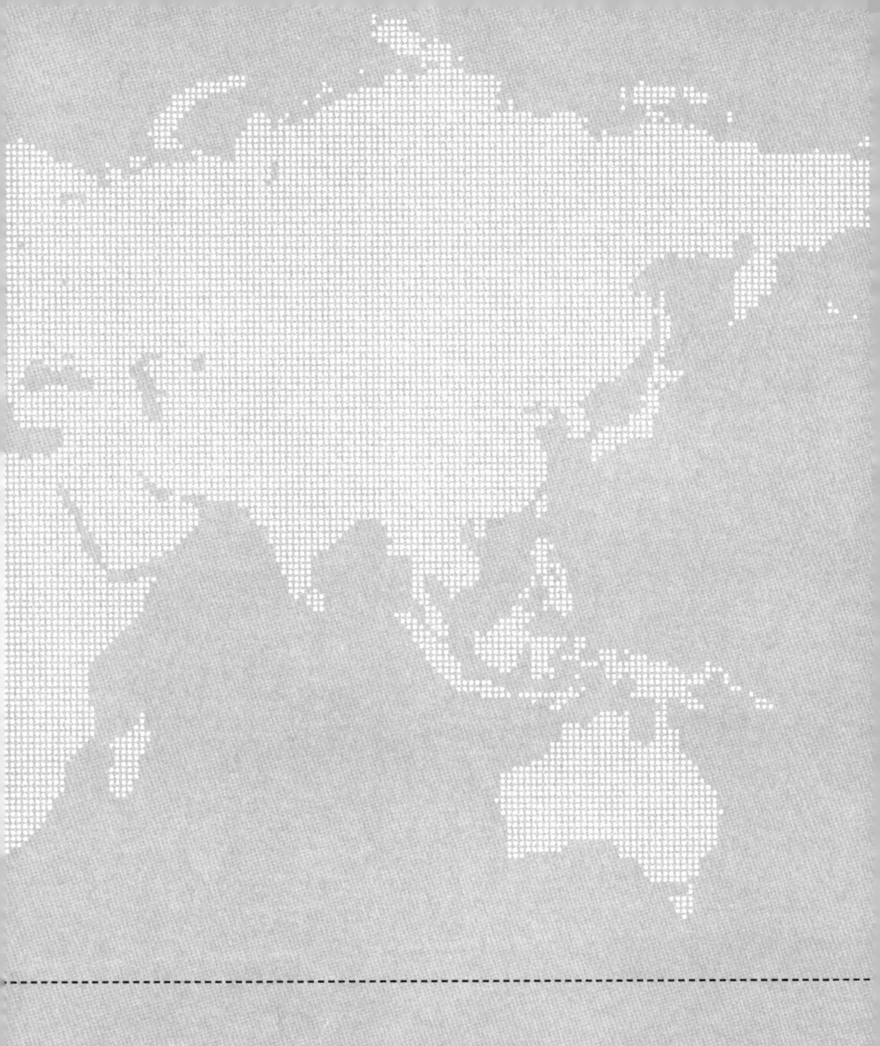

LEVEL 1 001~090

LEVEL 2 091~153

LEVEL 3 154~200

001

		9	1		3	4		6
	3			4			5	
2					8	1		
		3	4					1
	4			1			6	
5					2	7		
		6	3					7
	8			7			4	
1		7	9		4	5		

002

			3		5			
	1			8			5	
		4	2		9	1		
4								7
	2						1	
7		6				5		3
	7		1		4		6	
	8			2			3	
		5	7		8	2		

003

	2	6				3	5	
1			4		5			2
7			3		8			9
	8	1				6	4	
				5				
	3	5				2	9	
4			7		6			8
5			8		1			3
	7	8				9	1	

004

		2	4		5			1
1				9		7		
5	4			3			8	
	9				7		6	
2		7		5		3		4
	5		6				7	
	1			8			2	3
		4		2				7
6			5		4			

005

5		9	6	8				7
7		4			1			3
		1			5	8		
		2					5	
	5						1	
3				2	8	7	4	
6			7					
9	2	3						5
				4			8	2

006

4								6
		7		4		3		
2	3						8	1
			4		7			
3								2
	9		3		2		6	
	2						3	
		3		9		5		
1	6		5		8		4	7

007

	7	2				4	8	
5			8		1			2
		1				9		
	1			2			7	
	9		5	4	6		2	
	4						6	
		3				2		
6			4		5			
	5	9				6	4	7

008

		7			1	4		
	5	1		9	3			
4		3	7	2				
	7			4				8
			8		6			
	4	6	1	3			5	
				8	7	6	1	
			2	6		5	8	
		8				9		

009

	5	2			1			7
		7	6				2	3
					2		5	
	1			6	7			
	8	9		1			6	
		3				1	7	
8				3		2		
9	7		1	2				4
	3			9	4		8	6

010

			4	6	7			
4	3			8			1	7
		7				9		
			7		5			
		1	2		8	3		
	4						2	
	7	5		2		1	4	
		6				8		
3			9	7	1			5

011

	6	2				8	9	
4					3			7
		1			7	2	6	
	2		7		6			
8	3	5			4			
	7			8		1		5
	9							6
2		8					3	
					9	7		

012

		1				2	6	
8					6			4
2				7				
	8		9		4			
	3	5				4	1	
			6		3		8	
				9				2
4			2					7
	2	3				1		

013

7	8				3			4
	4		9	7	5		1	
1	5		6					2
				4				7
			8		1			
9				3				
3					8		7	9
	1		3	6	9		4	
5			1				6	8

014

			5	3	9	2		
		4					1	
	3			2	4			8
	8		3			5		1
	4			1	7	3		6
		9				4		2
1			4	7	6			5
	6						4	
		2	8	9	1	6		

015

	5			8	7		3	6
1		6						
	9		4			1	5	
6		4		3				
	7			1			6	
				7		4		5
	4	5			8		1	
						7		9
3	2		6	9			8	

016

		5		8		2		
	3			9			4	
1			4	5	6			7
		2				1		
9	7	1		3		4	2	6
		4				5		
2			5	4	3			8
	5			7			6	
		8		2		3		

017

	3		5			2	9	
	1		2			8	4	
		5						
	9	6	8					2
8		7		9		5		1
1					7	6	8	
						1		
	6	3			4		5	
	8	1			3		2	

018

2				3				1
	1		7		2		9	
		4				3		
	7		5		1		4	
1				9				8
	4		8		3		2	
		1				8		
	5		3		8		1	
3		8		5		6		4

019

		4	2			9	7	
1				6				
		3		7			5	6
	7	2	9			1		
	9						4	
		5			8	3	2	
4	1			2		5		
				9				8
	5	8			1	2		

020

	3		6	1	5		8	
4			2		9			5
		7	3		4	9		
	4	3				8	7	
5				3				6
	1	6				2	5	
		5	8		2	1		
8			7		1			9
	7			9			6	

021

			8				4	
	5	3		7	6			9
	7	9		4	5			
			5				8	4
7	9						3	6
1	4				2			
			9	2		4	5	
5			7	8		6	9	
	8				1			

022

			1	4	3			
	8	4				6	7	
2			7	6	8			3
1		8	4		6	7		5
		3		5		8		
		9				3		
	9		3		2		6	
6			5		1			8
	3			7			5	

023

9	7		5		3		6	8
8								9
			6		8			
1		8				9		2
	4			5			3	
6		2				8		7
			9		4			
4								3
2	9		7		6		1	5

024

	3		9		8	6		
		9						7
4				7	6		5	
7		4		6				3
		5	3		4	7		
1				9		8		4
	4		6	8				5
5						4		
		1	5		2		6	

025

	1	6		9		2	4	
3			7		6			5
5		9				7		6
	3						6	
	7			4			8	
	5		1				9	
		3				1		9
1			3		2			4
	4			6		8	5	

026

1		2				6		9
	4			6			7	
3		6				5		1
			5		6			
	6			7			5	
			9		4			
2		1				8		5
	5			1			9	
9		7		5		3		4

027

1		4		7		6		9
	7	3	5		8	4	2	
	2				7			
	1	8	9		4	7	6	
			6		5		1	
	8	7	4		9	1	3	
	3		8		2		5	

028

		6				4		
			4		7			
8			5		6			1
	3	4		2		5	6	
7			3		4			2
		1	7		5	3		
	6					7		
	5	3				6	8	
1			6		8			4

029

	3			2			7	
4		1				6		9
	7		1	5	9		2	
9		3				7		8
	6						3	
2		5				9		6
	1		3		2		9	
8		2		4		1		3
	5						8	

030

①

		2	3	5			6	
			4			3	1	5
	5							
3	6	5			4		7	8
				3	7			4
	4				6			
	1	4					9	
	2			6		5	4	7
			8	4				

031

2	8		5	6			7	1
7	6						2	4
			7		2			
		3	6	9		4		
5				3				2
		8		2	5	1		
			1		9			
8								9
9	3			7	8		4	5

032

		6				4		
			4		7			
8			5	2	6			1
	3	4		8		5	6	
			9		4			
	1	2		6		8	9	
1			7	4	8			2
			6		1			
		3				6		

033

		4	6			1		
	5	3					4	
8			4		3		6	5
		6		1		5		2
			5		6			
5		7		3		9		
4	6		2		5			3
	3					6	2	
		9			1	4		

034

		5	2		1			6
	8				4	1		
	3		5				4	
8			3		2		1	
7	6							
5			4		8		7	
	4		9				8	
	1				5	3		
		2	8		6			4

035

	5	6				1	4	
3			5		7			8
4			3		2			1
	1	3				9	6	
8			4		6			5
5			6		4			7
	7	4				3	2	
			7	3	9			

036

		3			8	2		
	7			9			1	
9			7			5		8
		6			2			1
	1		6	4			3	
		7			3			4
4			5			1		2
	5			8			9	
		1			9	7		

037

				1				
1		5		2		8		6
	2		6	3	4		5	
2								3
8			3	6	1			4
	1		5		2		6	
5			7	4	8			1
	9						8	
		7	1	9	6	3		

038

2	1				3	7		
8				7				
		3	6			9	1	
	8				6			3
	6		7		5			1
3			4			6	7	
	9	7			2	3		
				4				6
		2	5				4	7

039

		9	5					7
		6				3	2	
5	3				4		1	
4				9	7		3	
				1	5	9		
		2	6					4
8	2		3				6	1
		5				4		
1		7			6	2		

040

① ○ ○ ○

						6	5	
	4	6			7			2
1			4		5			8
6			5			2	1	
	3	4					9	
			2			3		6
		2		5	8			3
8	6			4			2	
			1		6		8	

041

5				1	3		6	2
				9	5		4	7
	4	9						
	3	6		5	1			
				8	7			5
2	8							3
9	6							
			1	3			5	6
8	5		6	7			1	9

042

	1	5	7			4	2	3
9					3			
2	5	7			8	3	1	
4			5		6			9
	9	6				8	5	
	2		1		5		4	
3		8		6		1		5

043

	5		6				4	
9		7		8		5		2
	2		4				7	
				6		3		4
	9			3			1	
1		6		2				
	7				6		9	
3		4		1		2		8
	1				8		3	

044

		1			5	2		
6	7			8			4	3
		9	4			7		
				1	2			9
9								2
8			5	6				
		7			4	3		
4	2			7			9	5
		6	9			1		

045

1

	3	6		4		7	1	
2				1				5
1			2		7			8
		3				5		
		4		5		6		
	5		7	6	2		4	
	6						7	
	7		6	3	1		5	
5			4		8			6

046

4			1	5	9	3		
		3					1	
	8			2	7			5
3			7			5		
	7			8			6	
		6			3			4
7			2	1			3	
	3					6		
		5	6	3	8			1

047

6					1	7		2
		1	2			3		
	2			5			1	8
	3			6				1
		4	5		3	6		
7				1			2	
1	6			3			5	
		2			5	8		
8		3	4					9

048

					2	3	7	8
	1	9	3					
		7						
		6			5	8	3	
1		5				2		
	4	8	6			5		9
						6		
					4	1	9	
8	6	3	5					

049

1			6		2			3
		3		7		2		
	5		4		3		6	
		2		8		1		
			1		6			8
8				5			3	9
4	3			2			7	
		1		6		8		
			9		5			

050

7			4		9			5
5		6		8		3		1
	4						7	
1			8		7			9
3			9		1			4
	2						6	
		7	5		6	8		
	5			3			9	
6			2		8			3

051

4			2	6			8	
3		1			7		6	
9		3					1	
6		5	3	2			9	
1		2			6		7	
2		7			4		5	
8			1	5			3	
	1	4			9	8		

052

	1		3		4		7	
2		3				5		6
	4						9	
1			2		3			9
		9		8		6		
	2						5	
9	3						6	5
6		4		3		9		2
	5		1		9		3	

053

5		7		8		3		2
	8	4	3		1	7	5	
	4						9	
	5	1	6				3	
			2			6		
	1	6	7		3			
							8	
2		9		1		5		3

054

1				3				2
2			1	9	4			3
	6			7			1	
		6				1		
5				1				7
	4		5		7		8	
		4		2		8		
7								6
	9		6	4	3		2	

055

1	7	5	9				8	
			7					
			6		8	7	5	3
2	1	3	4					6
			5					2
			1		2	9	4	8
3	5	4	2					9
								7
	9				6	1	2	5

056

					7			
	1	2	3		9			
4		9		8		1	6	
	7		8		4			6
		8		2		5		
		3	7		6	4		
9	8			7		6		
1	2				5			
		7	6	4				2

057

3				9				6
	7			5	1			
1		4		7		2		
	2			6		3		
5				8			2	
		6	2	4			5	
	3			2		7		
	5			3		4		9
		9	7					2

058

1

	1			9		5		
4					8		2	
7		2	4			1		9
		6	2				1	
8								6
3		9			1	7		
9			3		4	6		
	6							5
		7	1			9	4	

059

5	7						8	1
		3	5		4	9		
								4
			9		8			
9		1		2		3		7
			7		6			
4								8
		6	8		1	2		
	5						4	

060

		7		3		2		
	9		6	4			8	
4						1		3
	8				6			
5	1			7			9	2
			9				5	
1		2						5
	5			9	3		1	
		6		5		7		

061

2						1	4	
9	1	4		8		3		
			4		1			7
	4			1			5	6
8		7		2		9		
			7		6			
			3	5	4			
		1				5		
	8	6				4	7	

062

	2						9	
1		3				6		4
5		4		7		2		8
			5		7			
	8	7				4	6	
4								7
	7	1		5		8	4	
2			4		6			1
				9				

063

	1			9				
		2	1				5	6
5		9	4		7			1
	9			7				
		3	6		8	7		
				4			3	
8			7		6	2		4
2	4				9	1		
				3			8	

064

		6				4		
4	7			5			9	2
			3		1			
	3	4				1	6	
5				1				8
		2	7		4	9		
7								3
	9			8			1	
		5	4		7	6		

065

6			4	7			8	
	7					1		
		9		8	3		2	
		5						6
7		1		2		8		3
8						5		
	2		9	6		4		
		7					9	
	6			1	5			8

066

3	2	6				7	4	9
			6	9	4			
	3	1				6	2	
6								7
	4			7			5	
2		4	8		1	3		5
5		9				8		1
	1						6	

067

	4			9	6	2		
5	7		1				9	
				5				
			5		7		8	2
3		8		4		9		7
4	2		9		1			
				6				
	9				8		7	5
		5	3	7			4	

068

6		8		7		5		1
	9		5		1		6	
	5	9				3	4	
	6			5			9	
		4				8		
			8	3	9			
9	3			6			7	8
		1	2		7	6		

069

	3		9		8		4	
4			5		7			6
		2				5		
1	2						3	4
				9				
5	8						1	9
		3		1		6		
9			7		6			3
	5		8		2		7	

070

	6	4				2		
1			4		7		8	
5				8	6	4		
	4	5	6				7	
				4				2
	2				1	9	5	
	3							9
4			9	7				5
		6			8	7		

071

				5				
	3	4				7	8	
2			3		6			9
		9		6		3		
	1	3				6	5	
	2		7		1		9	
	4			9			7	
	6						1	
		8	5	1	3	4		

072

7	6			3				1
			4				7	
9	4		7				8	
		6		1		9		4
			5		4		6	
4	7		2				5	
8	5			4		3		
			3		8		9	
		4						6

073

	7		1		4		9	
5			2		6			4
				7				
	4			8			6	
9		5		2		3		7
	6			3			2	
				1				
2			3		8			5
	1		5		9		3	

074

2							6	4
7			8	9	4			5
1		4				7		
3			9		2		5	
		7					9	
	9				8		7	
	4			5		1		
8		5	6					
	7				9	5	4	3

075

1		2	6		3	4		8
							3	
	6			9				
4		6		8		2		
7		3		1	9			
8		5		6		3		
	8			3			7	
2		4	9		1	5		6

076

	9						2	
8		2			1	3		4
	7			5			6	
2				4			5	
		7	9		8	6		
	4			2				8
	8			6			9	
6		9	8			1		5
	3						8	

077

		7		8		2		
	5						8	
6		8	2		3	4		5
		1	4		2	9		
3								4
9		5		7		6		2
		3				7		
7			9	5	8			1
	1						6	

078

		1				4		
			4		8			
6		4				5		9
	5			8			9	
8			9	6	5			2
	9		1		7		8	
9				5				6
	2						7	
		8	7		1	9		

079

		2				5		6
1	6		8			2	3	
				4			7	1
3	7		4					
		9		7		1		
					5		4	7
2	3			1				
	5	8			2		1	3
7		4				9		

080

1			9					2
	3		4				8	
	4			2	7	1		3
	1					9		8
	7			6			2	
9		4					3	
7		1	2	3			5	
	2				1		4	
4					8			9

081

			9		5			
		4		7		6		
	7						1	
	8			5			4	
		3	4		6	9		
	1			9			7	
	4			8			9	
		8	7		9	1		
1	2			6			8	5

082

	1				8	7		6
	7	2			9	5		
	6							
				6		3	9	4
6		1	7	9			8	
	5				2	1		
	2	4		8	6			7
		8			3		6	2

083

1	2				7	8		
		3		6			1	
4	5				1	9	7	
	7	2			3	5		
8			9					
	4	9	5			7	8	
					9			2
		1	3			6	5	

084

	2	7	8				9	
	6			4		1		5
	4			6			3	
		3	4					
			5			7	2	
		2		7	8			6
1	3		7		4			2
		4				3	1	7
		5						

085

	4				7			9
		5		4	8		1	
		1						
4	3		1	9			5	8
		8			2		4	
		7			5			
1			5	6		3	2	
	6				1			4
7		9			4			

086

					6	4	3	
				8				1
		4	2	5	1	7		
	3		8	6	9		1	
	6				2		8	
	8						4	
		6				1		
8	5		3	1	4		7	9
	1						5	

087

			2		1	5		
		6		4			3	
	8		3		6			9
	5		8			7		1
	2			1			4	
		4			7			8
			5			4	2	
	4			9		6		
8		7			2			

088

5	2			3	6			
8			7			6		
			1			5		7
	5	8		9	3			4
9			5	4			8	
1			2		8	9		
	1	2			9		6	8
				6		4		
		9	4			3		

089

		8	9					
	1			3	6		7	
		3				4		5
	7		6	8	9			4
9		1			2		5	
	3					6		
		7				1		
	2		8		5		4	6
	8			9	7			

090

2	7						6	8
9	4			5			3	2
			3		8			
		4				2		
3	2						8	1
		7		6		9		
			5		6			
8				9				6
	5		2	3	4		1	

091

		5	7		6	1		
9								6
	8		3	9	2		5	
3			8		9			2
	2						6	
		1	6		7	8		
		9		1		5		
		3				2		
8								4

092

2

		1		2		4	9	5
		5		3				
	4				6	8		1
7							4	
		9		4		6		
	5							7
6		8	4				5	
				1		2		
5	9	2		8		1		

093

			1	2	7			
			5	9	4			
9		5				4		1
	5						1	
		7		8		3		
			9		5			
5		4				6		7
	9		6		2		5	
6			7		1			3

094

		6		5		2		7
	9			3				4
5				2		3		9
8	7		5		6		2	
				8				
	1		7				6	5
4		5	3	7				8
1				6			7	
9		7		4	1	5		

095

3		9				7		4
	8			7			6	
7			5		8			1
				6				
	3						5	
5		4				3		6
	6			4			7	
			1		2			
1	9			8			3	2

096

	5	7		2		8	9	
	1						4	
4			8	1	7			2
	3			8			1	
5								9
7			6		9			8
	8			3			7	
		5				9		
			4	6	1			

097

	9				7	2		4
3	6						1	
		2	5					6
		3	4					9
				3				1
4					8		2	
2						5		
	1				9		3	
6		4	7	2				8

098

2	8		6			1		9
				8	9			
	7			5				3
		8	3				1	
		6				9	2	
	1				4			5
				6	5			
3	4		7			2		6
	2							7

099

7	8			3	2			
3			8			1		
			6				2	
	9	8						2
5			9		1			3
6						9	7	
	4				8			
		3			9			6
			4	6			8	1

100

	7	9				3	5	
1				6				7
2			3		7			9
				1				
		6	5		4	9		
				9				
9			1		3			2
8				5				3
	1	5				4	6	

101

		3	7			2	4	
					9			
	6	7			8			
3						9	5	
2					6			3
	1	5			4			2
4			6			7	8	
7			5					
	5	9			1	3		

102

	9	5		2	4			
1			5			9		
8			1			4		
	1	7		3	9			
			8	4		7	2	
		4			5			6
		8			3			9
			2	8		3	7	

103

			8		1			
		5				2		
		1		3		8		
			6		7			
2				8				4
	1			4			3	
		3		2		6		
9	4		3		6		7	2
		2	1		4	3		

104

9				4		5		
		4					1	
	1		8			3		6
		1			2	6		
3				5				7
		2	1			4		
2		6			7		5	
	3					8		
		8		1				4

105

5	6			7			1	
		2	4			5		8
3					1		2	
	1				2			
		3				7		
			6				5	
	7		1					2
6		4			5	1		
	2			6			9	5

106

1	9						7	2
			2		6			
		4		5		3		
		3				8		
				1				
6		7				1		3
		1		6		2		
			3		4			
	2	5				6	8	

107

							8	
		7	8			9		2
	1			9			3	
	3			4		8		
		4	7		9			
				3	8	5	4	
	5		6		4			9
8		3			1			
	2					6		

108

							5	9
3			2					
2		7				3	4	
4	3				2			6
5		8			1			2
9			3			5	7	
1			5	4				
6	2		8		7		1	5

109

7	9						8	3
		1	9		3	6		
	8			6			2	
8								
1		3	8		7	9		2
2			6		9			1
	4						5	
		2		9		7		
			3		4			

110

	6		8				1	
1		3		4		7		5
2				7			9	
	8		5					
		6			4		7	
				9		2		8
	3			1				6
9		1			5		3	
	7					5		

111

				2	8			
		9					2	
	1		7			5	6	
2				1			9	
8	4	5	9	7			3	
9				5			8	
3				8		7	5	6
	2		3		6		1	

112

	3	2			8			
		8	9		4	3		
		1					7	
	4				7			5
8				3				2
1			4				8	
	2					7		
		7	5		6	1		
			2			8	4	

113

					5			4
		1	6			2		
	4			2			3	1
1								
4		2	5	3		7	8	6
8					6			3
	2			4				5
		8	7				1	
5						8		

114

	1	2	8		4	7	9	
3				9				8
4								6
	8		9		6		7	
5								2
9			2	3	7			5
	2	7	5		1	3	4	

115

7								4
2			5		3			7
	9	8	7		4	2	5	
	6						2	
	3						8	
	8	2	4		5	6	7	
			1		2			
		4				3		
	2		8	3	9		4	

116

			8	7	3			
		1	6		2	7		
	7						4	
	2		9		5		8	
	1						3	
		7		1		6		
		6				5		
1			2		7			8
	5	2		6		4	7	

117

				6				
			2		7			4
		1				8		
	9			4			2	
	4		6		8		3	
		7	5		9	4		
				5				
	2	8		1		9	5	
1			4	9	3			6

118

				9	2	1		
							3	
3	2				1	9		5
9	5				4	3		7
1			5	7				2
			9	6				
6	3	1						
		2			9	8		
		4		2	6	5		

119

2

	3						1	
8			3		4			7
		4		5		6		
	1		2		8		5	
		9		6		8		
	5		9		7		6	
		3		2		7		
1			8		9			6
	2						3	

120

					1			
		7	8		9			2
	4			2				1
2		6	4				7	
3		4				8		5
	5				3	4		6
5				3			6	
1			2		4	9		
			6					

121

2

6	9	4	8		2			7
	7					1		8
	1							
	2			7	6			
		3		8		2		
			4	2			9	
							6	
9		6					8	
7			9		5	3	1	2

122

	1	2						
3			1					
7			3			6	8	
	5	6	4		9			7
		4			5			3
	7					5	2	4
6							7	
		7	9			3		
		1	6		8			

123

	2	1				9	3	
8			4		3			7
	4		1		7		6	
		9				1		
	1	2				6	4	
9			6		8			1
				3				
	8		5		9		7	

124

3	9			2			4	5
5			3		1			9
				7				
	3						6	
2		1		5		7		3
	4						2	
				8				
1			2		4			8
4	5			3			1	6

125

	8			6			9	
1		2				7		3
7								4
		8	3		6	2		
	4			5			3	
	6						7	
		9				8		
8			1		5			6
	2			4			1	

126

4			5	2			3	1
	1				6			
		7		3		4		
1			4				9	
	2	3	7					8
8			1				7	
		9		7		8		
	6				8			
5			6	1				

127

	9			1			5	
2	5						9	6
		4				3		
			1		8			
8				3				1
			2	9	4			
		3		2		1		
7	1			6			4	5
	4			5			8	

128

6			1	3	2			
	8	7				2	9	
1								6
	3		8	5	4		2	
		2				4		
4				6				5
5			3		9			2
		3				7		
	4						3	

129

2	3			6			8	5
		1				7		
8			5		7			3
1			3		9			6
		3				9		
7	9			3			6	2
			8		4			
			2		6			

130

②

		2				6		
	4						7	
9				8	6			1
		4		6				
1		5	3		4	7		9
				9		8		
2			1	5				6
	6						9	
		7				3		

131

2

					4	6		
	4	7					5	
8			6		2	4	1	
5				2				
	7	1		3		5	2	
				4				6
	1	4	5		8			9
	2					3	7	
		5	2					

132

2

	1			3	4			2
		3			2	5		
6	7						4	8
				5			6	
9			3		1			5
	5			8				
	6						3	7
		8	7			1		
4				9			8	

133

2

3			2	5			1	8
2	9		1				7	
					6			
4				7	5		2	
9	8				1		3	4
	1			6				
8	2		4	1			5	
	7					3	4	

134

		3		8		9		
			7		9			
2		4		1		5		7
	4		3		7		5	
5								3
	6		2		8		1	
9		7		3		4		2
			4		5			
		1		6		8		

135

		3			4	9		6
	8				7			
		5	9			7	2	
4							1	
		2	8		1	5		
	1							3
	6	9			8	4		
			7				3	
1		4		5		8		

136

	7			4			6	
			6		9			
5	6			7			8	3
		4	3	5	2	7		
				1				
		7	4		8	5		
		5				6		
	4	2				8	5	
	1	6				9	4	

137

4								3
		9	5		7	1		
	1			2			8	
	2		9		1		4	
	8			4			3	
		7				9		
2			4		6			1
1				5				8
	6	8				4	9	

138

	1	6	8		7	2	3	
7			1		9			8
	9	8				7	5	
5								2
1		7	6		2	5		4
	2			3			7	
		1				9		
			4		5			
				8				

139

2		7	3			4	5	
4				2				1
7				5				2
6		9	7			1	4	
3				1				9
1				6				8
9		4	5			7	2	

140

	1			3	4		2	
5			2			3		
		4			5			1
	2			6			8	
8			9			4		
		7			1			2
	4			5			7	
1			6			5		
		8		7	2			4

141

	7						9	
1			6	8	7			5
		6			5	4		
		1		7		8		
			4	6	8			
6		2				9		4
		7				3		
3			1	2	4			9
	6						8	

142

		3				1		
			7		4			
4			1	2	3			8
5		4				7		9
	6						5	
7		9				2		1
9			3		8			5
		5		9		6		
	3						7	

143

	3						7	
6		2				5		8
	1		4		3		6	
		4		3		7		
	5		1		6		8	
		1		5		9		
	2		6		7		4	
5		3				6		7
	7						9	

144

	2			4			7	
	6		9		1	2		4
9			5					
8			6				1	
7		5				3		9
	4				5			7
					3			8
2		9	7		4		3	
	3			6			4	

145

				2				
	1	3				4	5	
5			4		1			6
		8		5		9		
4	2			7			6	1
		7		1		3		
2			5		3			4
	9	6				1	3	
				6				

146

4							1	7
6				3				
		1	6		9	5		
		7	5		4	2		
	5			1			9	
		9	8		2	3		
		6	4		1	8		
				2				9
5	7							4

147

2

8			7		5			9
		6				4		
	5			1			3	
2			8		3			5
	4	3				7	9	
5			4		9			6
	6			2			8	
		2				9		
3			1		4			2

148

			6	7			9	
		8			5			3
	1		3		9			6
4		7			2		5	9
6				1		4		
	8	9	4		3			
				9		2		4
			7				6	
			1			3		

149

			3	7	1			
3		6	2			4		1
		2				5		
2			4			6		5
1					7			3
				3				
9				5				8
8				6				7
	3	1		2		9	4	

150

	7			8	9	5		
				3				6
			2		1			
	6	7				8		4
4		3		5		1		7
1		8				9	5	
			3		6			
3				4				
		2	7	1			8	

151

		2	3				5	8
				4	2			
3		5				4		
4			9				6	
	9			5			3	
	2				7			4
		1				6		5
			8	1				
5	8				9	3		

152

5	9				1			
1	4					2		
					5		4	8
		4				5		
	6		5		4		3	
		3				7		
2	1		6					
		5		4		9	7	
			9			6	8	

153

2

	7		9		1		4	
4		3				2		8
1	2			3			7	6
			6		4			
6	4			9			8	1
			3		6			
		2				8		
	1		4		2		9	

154

		9						4
	1			9		7		
2			3				6	
		8			4			1
5			9	8		2		
	2		7	6			3	
		6			7			
4				2				8
	5		1				9	

155

3

			1					
		8		2			9	
	1				9			7
		2		8			3	
7			5		6			9
	8			4		6		
5			3				1	
	9			6		7		
					7			

156

			4		2			
		5				3		
	7		6		8		9	
1		3				2		4
				6				
7		9				6		8
	5		3		4		8	
		4				9		
2			7		9			

157

9				6				8
	7						2	
5			2		1			4
6			9		4			7
	5						1	
				8				
		5		7		8		
	4	8				6	3	
1								9

158

	9				1	3		
5				2			6	
				4		5		1
					4			7
	6	7				8	9	
1			5					
7		8		9				
	4			6			8	
		9	7					

159

1	7			8			5	6
2			9					1
		5				9		
	6						4	
8				5				7
					4		3	
		8				2		
5			7		3			9
6	3			9			1	

160

	4				5			
2	1			8		7	4	
		9	6					3
		7			1		6	
	2		5			4		
8					7			
	7	1		6				5
			9				8	
						1		

161

7	8			2			5	9
			9	5	6			
	4			7			1	
		1				7		
	3						2	
			6		7			
		9				4		
4	2			3			7	6
			8		4			

162

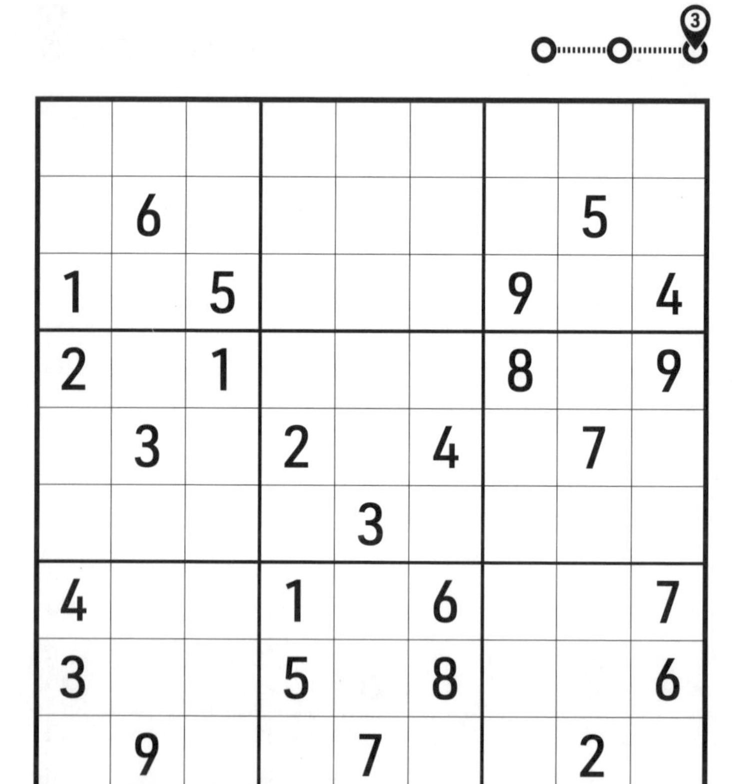

	6						5	
1		5				9		4
2		1				8		9
	3		2		4		7	
				3				
4			1		6			7
3			5		8			6
	9			7			2	

163

	1				8	9		
		3		6				2
	7				2			3
9					6		2	
		6	8		7	4		
	3			5				8
5			2				4	
				4		7		
			1				8	

164

	6	9				2		
1			4			5		
7				9			8	3
	4				8			
		7		5		6		
			6				2	
9	7			2		8		4
		4			3			
		8				9		

165

9				2	8			
	7	5	1				3	2
	3					9		
	2				3	7		8
3				4				6
		6	2				4	
		7					5	
1	6				9	8		
				1				4

166

				8	7			
	3		2			6		
4		1					2	
		4						9
	1	3		5				4
6							5	
9				7	8	2		
	8			2			9	
		6	5			3		

167

3

						7	4	
		7	9		6			8
	4			8				9
	7					2	8	
		4	3		8			5
	8			5				7
		6					7	
	9		5			6		
1				2	7			

168

				6				
		3	1		2	9		
	2		4		8		1	
	1	8				6	7	
2				3				4
	3	4				2	8	
	8		2		9		3	
		2	3		1	4		
				7				

169

		9					4	
			2					5
1	6			3				9
4	9			6			2	
			7			5		
		8			9			
	7			1			8	6
3							1	4
2					4			

170

③

9		4				3		8
	5		7		6		1	
		6				2		
			4		7			
	2			5			9	
		8				1		
			5	1	2			
4								6
	9		6		3		7	

171

		2		1				4
1		7				3		9
3				5		1		
		8		9				
6		4					1	
7					4		8	
			3		2			
	6		5				9	
	3				1		2	

172

	1				3			7
		6		2			5	
8			7			2		
	5		1		6			
		3				1		
			9		7		2	
		7			8			9
	8			5		4		
9			4				6	

173

3

							9	
					2	6		
	9	8		7				
2			3		1	5		
1		4			8		7	
		6		5			2	
			2	4		3		
	1				9		4	
				1				2

174

		1				5		
			4	2	3			
3								2
	5		3		2		1	
	3			8			4	
	6		7		5		8	
4								3
			5	6	7			
		2				8		

175

			3					
		9		2		6	1	
	7				5			4
1						9		5
	4				7			6
		6		8		4	2	
	1		8		9			
	8				4			
		4	7	1				

176

			2		1			
		4				7		
7			6		5			1
		3				4		
	6			1			5	
		8				6		
	7			5			6	
9			7		8			5
	2		1		3		4	

177

5	8			2			9	3
	9	2				7	8	
		3	4		2	1		
			3		9			
1				8				9
	3						7	
		4				2		
2			5		3			1

178

				4				
4			2		8			6
	5			1			9	
	7			2			5	
		9	7		3	4		
	3			8			6	
	1			9			4	
3			4		6			8
				5				

179

		8				1		
	7			2			5	
6			5		4			2
	5		4					8
2				3			9	
	9				1			3
4			8		2			7
	3			1			8	
		1				9		

180

						4		
	1		6					3
2		5		8			1	
	3		7			2		1
		4					8	
5				6				
4			5		3			2
		7		2		9		
			1		4			7

181

4			9				2	
		8			1			3
	5			7		8		
8			7				5	
		5				1		
	2		3		9			4
				4			9	
9			6			3		
	1				7			8

182

							8	2
		1	2			4		5
	4			8			1	
	3			7				
		2	5			6	9	
					4	5		
	2			4	6	8		1
4		8		1				
1	5					3		

183

2	6						3	7
			9		8			
4	1		6			2		
						1		
	5		4	9				6
	2							5
		5				6		
				7	3			
7	3						8	4

184

6				2			9	4
2			6			3		
	7		3	9	8			
		2	5		3	7		
		4		6		1		
		3	8		7	6		
			4	7	2		3	
		9			5			6
1	2			3				5

185

	4		3					
7		5					2	
	1					9		
5		6		4	9			3
	3			7			6	
9			6	8		1		4
		4					9	
	2					6		5
					5		1	

186

	5			1		3		
3	7	2			8			4
	4						6	
					9			7
1				8	3	6		
	6				7			3
9			2				3	
		4	3	9				1
7			8			5		

187

			5			4	1	
			6			3		
	6				9	5		
4					5			
	3	1	2			9	6	
			3					4
		2					3	
		3			4			7
	1	7			2			

188

		4				6		9
		7						
3	1		6				4	
		6		8		4		
			2	7				6
					1	3		
8			9		5		3	
		5				9	1	
9				3				4

189

1	2		8			4	3	
	4	9			5		8	
					4			
5		6	3					2
4						9		6
			4	1		3		
	6							
	8			9	2		6	5

190

						2	1	
					1			4
	4	5			9			8
6			5			4	8	
2			9					
	7	3			8	9		
				8			6	
3	2			6			5	
					7	3		

191

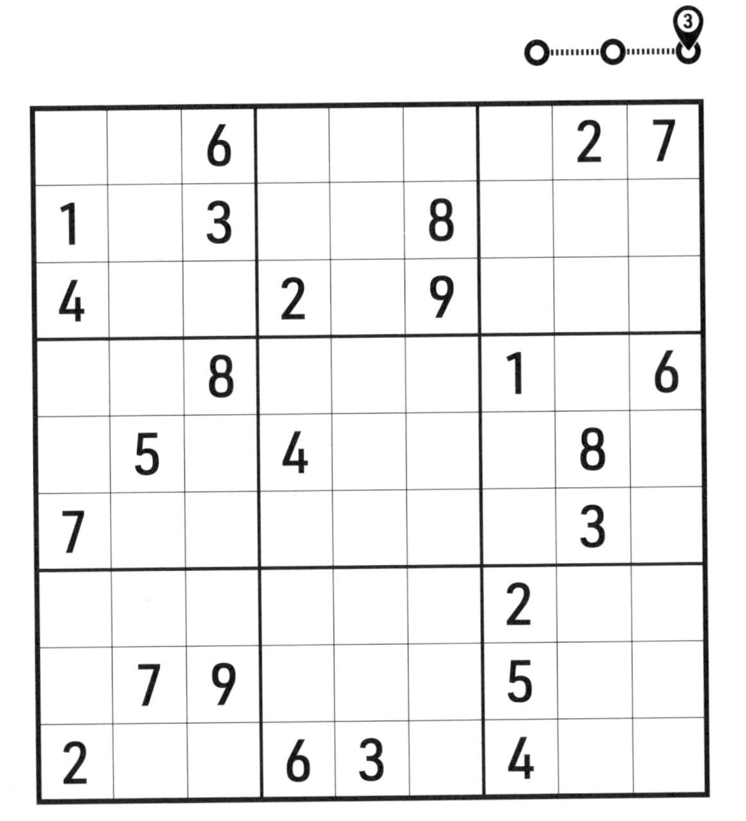

		6					2	7
1		3			8			
4			2		9			
		8				1		6
	5		4				8	
7							3	
						2		
	7	9				5		
2			6	3		4		

192

	8		9			4	7	
5					3			2
3				2				1
	9			1				
		7	3		6	2		
4				9			3	
				6				5
2			8					9
	3	1					4	

193

	1				2		4	
	5		6			7		
		6						
3				4				1
1	4		7		5		2	9
9				1				7
						6		
		9			6		8	
	7		8				1	

194

	2			1	6		7	
3								1
		9	8	2				
			1					4
5		1	7		4	6		
					5			
				7	3	8		
1								3
	6		5	9			4	

195

			4				8	
1		3				2		
	9			7	5			3
	1	9			6			
	2	5				4	6	
8			3			9	7	
			6	2			9	
		2				1		4
	3				8			

196

	5			8			2	
2					9			6
		1				8		
	3			7		9		
9			3		1			7
		5		2			8	
		2				4		
4			1					5
	1			5			3	

197

		6				9		
	5			2			6	
4			7		8			3
		2			1	3		
5								7
		1	4			6		
6			2		3			1
	2			1			4	
		8				7		

198

		6			1			9
	7			5			8	
4					7	2		
			5			4		
	3			4			7	
1		2			3			
		8	9					6
	2			7			5	
3						1		

199

		5				6		
			4		3			
1				2				4
	3			4			1	
		4	5		6	2		
	9			1			6	
8				3				7
			6		4			
		9		5		1		

200

		7						
1	4			3		2		
			4				3	
	7	4			8		9	
				6			1	
			7			4		
6	8	2			7			
				5			4	8
4	9		1			3		

SOLUTION

001

7	5	9	1	2	3	4	8	6
8	3	1	7	4	6	9	5	2
2	6	4	5	9	8	1	7	3
6	7	3	4	5	9	8	2	1
9	4	2	8	1	7	3	6	5
5	1	8	6	3	2	7	9	4
4	9	6	3	8	5	2	1	7
3	8	5	2	7	1	6	4	9
1	2	7	9	6	4	5	3	8

002

8	6	7	3	1	5	9	4	2
9	1	2	4	8	7	3	5	6
3	5	4	2	6	9	1	7	8
4	3	1	9	5	2	6	8	7
5	2	8	6	7	3	4	1	9
7	9	6	8	4	1	5	2	3
2	7	3	1	9	4	8	6	5
1	8	9	5	2	6	7	3	4
6	4	5	7	3	8	2	9	1

003

8	2	6	9	1	7	3	5	4
1	9	3	4	6	5	7	8	2
7	5	4	3	2	8	1	6	9
9	8	1	2	7	3	6	4	5
2	4	7	6	5	9	8	3	1
6	3	5	1	8	4	2	9	7
4	1	9	7	3	6	5	2	8
5	6	2	8	9	1	4	7	3
3	7	8	5	4	2	9	1	6

004

8	7	2	4	6	5	9	3	1
1	3	6	2	9	8	7	4	5
5	4	9	7	3	1	2	8	6
4	9	8	3	1	7	5	6	2
2	6	7	8	5	9	3	1	4
3	5	1	6	4	2	8	7	9
7	1	5	9	8	6	4	2	3
9	8	4	1	2	3	6	5	7
6	2	3	5	7	4	1	9	8

005

5	3	9	6	8	4	1	2	7
7	8	4	2	9	1	5	6	3
2	6	1	3	7	5	8	9	4
4	9	2	1	6	7	3	5	8
8	5	7	4	3	9	2	1	6
3	1	6	5	2	8	7	4	9
6	4	8	7	5	2	9	3	1
9	2	3	8	1	6	4	7	5
1	7	5	9	4	3	6	8	2

006

4	1	5	8	2	3	9	7	6
9	8	7	6	4	1	3	2	5
2	3	6	9	7	5	4	8	1
6	5	2	4	8	7	1	9	3
3	7	4	1	6	9	8	5	2
8	9	1	3	5	2	7	6	4
5	2	8	7	1	4	6	3	9
7	4	3	2	9	6	5	1	8
1	6	9	5	3	8	2	4	7

007

9	7	2	6	5	3	4	8	1
5	6	4	8	9	1	7	3	2
8	3	1	2	7	4	9	5	6
3	1	6	9	2	8	5	7	4
7	9	8	5	4	6	1	2	3
2	4	5	1	3	7	8	6	9
4	8	3	7	6	9	2	1	5
6	2	7	4	1	5	3	9	8
1	5	9	3	8	2	6	4	7

008

9	8	7	6	5	1	4	3	2
2	5	1	4	9	3	8	7	6
4	6	3	7	2	8	1	9	5
1	7	2	9	4	5	3	6	8
3	9	5	8	7	6	2	4	1
8	4	6	1	3	2	7	5	9
5	2	9	3	8	7	6	1	4
7	1	4	2	6	9	5	8	3
6	3	8	5	1	4	9	2	7

009

3	5	2	9	8	1	6	4	7
1	9	7	6	4	5	8	2	3
4	6	8	3	7	2	9	5	1
5	1	4	8	6	7	3	9	2
7	8	9	2	1	3	4	6	5
6	2	3	4	5	9	1	7	8
8	4	5	7	3	6	2	1	9
9	7	6	1	2	8	5	3	4
2	3	1	5	9	4	7	8	6

010

8	1	9	4	6	7	5	3	2
4	3	2	5	8	9	6	1	7
6	5	7	1	3	2	9	8	4
2	6	3	7	1	5	4	9	8
7	9	1	2	4	8	3	5	6
5	4	8	6	9	3	7	2	1
9	7	5	8	2	6	1	4	3
1	2	6	3	5	4	8	7	9
3	8	4	9	7	1	2	6	5

011

7	6	2	5	4	1	8	9	3
4	8	9	2	6	3	5	1	7
3	5	1	8	9	7	2	6	4
1	2	4	7	5	6	3	8	9
8	3	5	9	1	4	6	7	2
9	7	6	3	8	2	1	4	5
5	9	7	1	3	8	4	2	6
2	4	8	6	7	5	9	3	1
6	1	3	4	2	9	7	5	8

012

3	7	1	5	4	9	2	6	8
8	5	9	1	2	6	3	7	4
2	6	4	3	7	8	5	9	1
1	8	6	9	5	4	7	2	3
9	3	5	7	8	2	4	1	6
7	4	2	6	1	3	9	8	5
6	1	7	4	9	5	8	3	2
4	9	8	2	3	1	6	5	7
5	2	3	8	6	7	1	4	9

013

7	8	6	2	1	3	5	9	4
2	4	3	9	7	5	8	1	6
1	5	9	6	8	4	7	3	2
6	3	1	5	4	2	9	8	7
4	7	5	8	9	1	6	2	3
9	2	8	7	3	6	4	5	1
3	6	2	4	5	8	1	7	9
8	1	7	3	6	9	2	4	5
5	9	4	1	2	7	3	6	8

014

8	7	1	5	3	9	2	6	4
5	2	4	7	6	8	9	1	3
9	3	6	1	2	4	7	5	8
6	8	7	3	4	2	5	9	1
2	4	5	9	1	7	3	8	6
3	1	9	6	8	5	4	7	2
1	9	3	4	7	6	8	2	5
7	6	8	2	5	3	1	4	9
4	5	2	8	9	1	6	3	7

015

4	5	2	1	8	7	9	3	6
1	3	6	9	5	2	8	4	7
7	9	8	4	6	3	1	5	2
6	8	4	5	3	9	2	7	1
5	7	9	2	1	4	3	6	8
2	1	3	8	7	6	4	9	5
9	4	5	7	2	8	6	1	3
8	6	1	3	4	5	7	2	9
3	2	7	6	9	1	5	8	4

016

6	4	5	3	8	7	2	9	1
8	3	7	2	9	1	6	4	5
1	2	9	4	5	6	8	3	7
5	8	2	9	6	4	1	7	3
9	7	1	8	3	5	4	2	6
3	6	4	7	1	2	5	8	9
2	9	6	5	4	3	7	1	8
4	5	3	1	7	8	9	6	2
7	1	8	6	2	9	3	5	4

017

4	3	8	5	7	1	2	9	6
7	1	9	2	3	6	8	4	5
6	2	5	4	8	9	3	1	7
3	9	6	8	1	5	4	7	2
8	4	7	6	9	2	5	3	1
1	5	2	3	4	7	6	8	9
2	7	4	9	5	8	1	6	3
9	6	3	1	2	4	7	5	8
5	8	1	7	6	3	9	2	4

018

2	8	9	6	3	4	7	5	1
5	1	3	7	8	2	4	9	6
7	6	4	9	1	5	3	8	2
8	7	6	5	2	1	9	4	3
1	3	2	4	9	7	5	6	8
9	4	5	8	6	3	1	2	7
4	9	1	2	7	6	8	3	5
6	5	7	3	4	8	2	1	9
3	2	8	1	5	9	6	7	4

019

5	6	4	2	8	3	9	7	1
1	8	7	5	6	9	4	3	2
9	2	3	1	7	4	8	5	6
3	7	2	9	4	6	1	8	5
8	9	1	3	5	2	6	4	7
6	4	5	7	1	8	3	2	9
4	1	9	8	2	7	5	6	3
2	3	6	4	9	5	7	1	8
7	5	8	6	3	1	2	9	4

020

2	3	9	6	1	5	7	8	4
4	8	1	2	7	9	6	3	5
6	5	7	3	8	4	9	1	2
9	4	3	5	2	6	8	7	1
5	2	8	1	3	7	4	9	6
7	1	6	9	4	8	2	5	3
3	9	5	8	6	2	1	4	7
8	6	4	7	5	1	3	2	9
1	7	2	4	9	3	5	6	8

021

2	6	1	8	3	9	5	4	7
4	5	3	2	7	6	8	1	9
8	7	9	1	4	5	3	6	2
3	2	6	5	9	7	1	8	4
7	9	5	4	1	8	2	3	6
1	4	8	3	6	2	9	7	5
6	1	7	9	2	3	4	5	8
5	3	2	7	8	4	6	9	1
9	8	4	6	5	1	7	2	3

022

9	7	6	1	4	3	5	8	2
3	8	4	9	2	5	6	7	1
2	1	5	7	6	8	9	4	3
1	2	8	4	3	6	7	9	5
7	6	3	2	5	9	8	1	4
4	5	9	8	1	7	3	2	6
5	9	1	3	8	2	4	6	7
6	4	7	5	9	1	2	3	8
8	3	2	6	7	4	1	5	9

023

9	7	4	5	2	3	1	6	8
8	6	5	4	7	1	3	2	9
3	2	1	6	9	8	5	7	4
1	5	8	3	6	7	9	4	2
7	4	9	8	5	2	6	3	1
6	3	2	1	4	9	8	5	7
5	1	7	9	3	4	2	8	6
4	8	6	2	1	5	7	9	3
2	9	3	7	8	6	4	1	5

024

2	3	7	9	5	8	6	4	1
6	5	9	4	1	3	2	8	7
4	1	8	2	7	6	3	5	9
7	2	4	8	6	1	5	9	3
8	9	5	3	2	4	7	1	6
1	6	3	7	9	5	8	2	4
9	4	2	6	8	7	1	3	5
5	8	6	1	3	9	4	7	2
3	7	1	5	4	2	9	6	8

025

7	1	6	5	9	3	2	4	8
3	8	4	7	2	6	9	1	5
5	2	9	8	1	4	7	3	6
4	3	8	2	7	9	5	6	1
9	7	1	6	4	5	3	8	2
6	5	2	1	3	8	4	9	7
8	6	3	4	5	7	1	2	9
1	9	5	3	8	2	6	7	4
2	4	7	9	6	1	8	5	3

026

1	7	2	3	4	5	6	8	9
5	4	8	1	6	9	2	7	3
3	9	6	7	2	8	5	4	1
8	1	9	5	3	6	4	2	7
4	6	3	2	7	1	9	5	8
7	2	5	9	8	4	1	3	6
2	3	1	4	9	7	8	6	5
6	5	4	8	1	3	7	9	2
9	8	7	6	5	2	3	1	4

027

1	5	4	2	7	3	6	8	9
8	9	2	1	4	6	5	7	3
6	7	3	5	9	8	4	2	1
5	2	6	3	1	7	8	9	4
3	1	8	9	2	4	7	6	5
7	4	9	6	8	5	3	1	2
2	8	7	4	5	9	1	3	6
9	6	5	7	3	1	2	4	8
4	3	1	8	6	2	9	5	7

028

5	1	6	2	8	9	4	7	3
3	9	2	4	1	7	8	5	6
8	4	7	5	3	6	9	2	1
9	3	4	8	2	1	5	6	7
7	8	5	3	6	4	1	9	2
6	2	1	7	9	5	3	4	8
2	6	8	9	4	3	7	1	5
4	5	3	1	7	2	6	8	9
1	7	9	6	5	8	2	3	4

029

5	3	9	6	2	4	8	7	1
4	2	1	8	7	3	6	5	9
6	7	8	1	5	9	3	2	4
9	4	3	2	6	5	7	1	8
1	6	7	4	9	8	5	3	2
2	8	5	7	3	1	9	4	6
7	1	6	3	8	2	4	9	5
8	9	2	5	4	7	1	6	3
3	5	4	9	1	6	2	8	7

030

1	7	2	3	5	8	4	6	9
8	9	6	4	7	2	3	1	5
4	5	3	6	9	1	7	8	2
3	6	5	2	1	4	9	7	8
2	8	1	9	3	7	6	5	4
7	4	9	5	8	6	2	3	1
6	1	4	7	2	5	8	9	3
9	2	8	1	6	3	5	4	7
5	3	7	8	4	9	1	2	6

031

2	8	9	5	6	4	3	7	1
7	6	5	9	1	3	8	2	4
3	1	4	7	8	2	5	9	6
1	2	3	6	9	7	4	5	8
5	4	7	8	3	1	9	6	2
6	9	8	4	2	5	1	3	7
4	7	6	1	5	9	2	8	3
8	5	2	3	4	6	7	1	9
9	3	1	2	7	8	6	4	5

032

2	9	6	8	1	3	4	7	5
3	5	1	4	9	7	2	8	6
8	4	7	5	2	6	9	3	1
9	3	4	1	8	2	5	6	7
6	8	5	9	7	4	1	2	3
7	1	2	3	6	5	8	9	4
1	6	9	7	4	8	3	5	2
5	2	8	6	3	1	7	4	9
4	7	3	2	5	9	6	1	8

033

9	7	4	6	5	2	1	3	8
6	5	3	1	8	7	2	4	9
8	1	2	4	9	3	7	6	5
3	4	6	7	1	9	5	8	2
1	9	8	5	2	6	3	7	4
5	2	7	8	3	4	9	1	6
4	6	1	2	7	5	8	9	3
7	3	5	9	4	8	6	2	1
2	8	9	3	6	1	4	5	7

034

4	7	5	2	9	1	8	3	6
2	8	9	6	3	4	1	5	7
1	3	6	5	8	7	2	4	9
8	9	4	3	7	2	6	1	5
7	6	3	1	5	9	4	2	8
5	2	1	4	6	8	9	7	3
6	4	7	9	2	3	5	8	1
9	1	8	7	4	5	3	6	2
3	5	2	8	1	6	7	9	4

035

9	4	8	2	6	1	5	7	3
7	5	6	9	8	3	1	4	2
3	2	1	5	4	7	6	9	8
4	6	5	3	9	2	7	8	1
2	1	3	8	7	5	9	6	4
8	9	7	4	1	6	2	3	5
5	3	9	6	2	4	8	1	7
6	7	4	1	5	8	3	2	9
1	8	2	7	3	9	4	5	6

036

1	6	3	4	5	8	2	7	9
8	7	5	2	9	6	4	1	3
9	2	4	7	3	1	5	6	8
3	4	6	9	7	2	8	5	1
2	1	8	6	4	5	9	3	7
5	9	7	8	1	3	6	2	4
4	3	9	5	6	7	1	8	2
7	5	2	1	8	4	3	9	6
6	8	1	3	2	9	7	4	5

037

9	6	3	8	1	5	7	4	2
1	4	5	9	2	7	8	3	6
7	2	8	6	3	4	1	5	9
2	7	6	4	8	9	5	1	3
8	5	9	3	6	1	2	7	4
3	1	4	5	7	2	9	6	8
5	3	2	7	4	8	6	9	1
6	9	1	2	5	3	4	8	7
4	8	7	1	9	6	3	2	5

038

2	1	9	8	5	3	7	6	4
8	4	6	9	7	1	5	3	2
5	7	3	6	2	4	9	1	8
7	8	1	2	9	6	4	5	3
9	6	4	7	3	5	8	2	1
3	2	5	4	1	8	6	7	9
4	9	7	1	6	2	3	8	5
1	5	8	3	4	7	2	9	6
6	3	2	5	8	9	1	4	7

039

2	1	9	5	6	3	8	4	7
7	4	6	9	8	1	3	2	5
5	3	8	7	2	4	6	1	9
4	8	1	2	9	7	5	3	6
6	7	3	4	1	5	9	8	2
9	5	2	6	3	8	1	7	4
8	2	4	3	5	9	7	6	1
3	6	5	1	7	2	4	9	8
1	9	7	8	4	6	2	5	3

040

9	8	7	3	1	2	6	5	4
5	4	6	8	9	7	1	3	2
1	2	3	4	6	5	9	7	8
6	9	8	5	3	4	2	1	7
2	3	4	6	7	1	8	9	5
7	5	1	2	8	9	3	4	6
4	1	2	9	5	8	7	6	3
8	6	9	7	4	3	5	2	1
3	7	5	1	2	6	4	8	9

041

5	7	8	4	1	3	9	6	2
6	1	2	8	9	5	3	4	7
3	4	9	7	6	2	5	8	1
7	3	6	2	5	1	4	9	8
1	9	4	3	8	7	6	2	5
2	8	5	9	4	6	1	7	3
9	6	1	5	2	8	7	3	4
4	2	7	1	3	9	8	5	6
8	5	3	6	7	4	2	1	9

042

8	3	2	4	5	1	9	6	7
6	1	5	7	8	9	4	2	3
9	7	4	6	2	3	5	8	1
2	5	7	9	4	8	3	1	6
4	8	3	5	1	6	2	7	9
1	9	6	3	7	2	8	5	4
5	6	1	8	9	4	7	3	2
7	2	9	1	3	5	6	4	8
3	4	8	2	6	7	1	9	5

043

8	5	3	6	7	2	1	4	9
9	4	7	1	8	3	5	6	2
6	2	1	4	9	5	8	7	3
7	8	5	9	6	1	3	2	4
4	9	2	8	3	7	6	1	5
1	3	6	5	2	4	9	8	7
2	7	8	3	5	6	4	9	1
3	6	4	7	1	9	2	5	8
5	1	9	2	4	8	7	3	6

044

3	4	1	7	9	5	2	8	6
6	7	5	2	8	1	9	4	3
2	8	9	4	3	6	7	5	1
7	5	4	3	1	2	8	6	9
9	6	3	8	4	7	5	1	2
8	1	2	5	6	9	4	3	7
1	9	7	6	5	4	3	2	8
4	2	8	1	7	3	6	9	5
5	3	6	9	2	8	1	7	4

045

9	3	6	8	4	5	7	1	2
2	8	7	3	1	6	4	9	5
1	4	5	2	9	7	3	6	8
6	9	3	1	8	4	5	2	7
7	2	4	9	5	3	6	8	1
8	5	1	7	6	2	9	4	3
3	6	8	5	2	9	1	7	4
4	7	2	6	3	1	8	5	9
5	1	9	4	7	8	2	3	6

046

4	2	7	1	5	9	3	8	6
9	5	3	8	4	6	2	1	7
6	8	1	3	2	7	9	4	5
3	4	2	7	6	1	5	9	8
5	7	9	4	8	2	1	6	3
8	1	6	5	9	3	7	2	4
7	6	4	2	1	5	8	3	9
1	3	8	9	7	4	6	5	2
2	9	5	6	3	8	4	7	1

047

6	8	5	3	4	1	7	9	2
4	7	1	2	8	9	3	6	5
3	2	9	6	5	7	4	1	8
5	3	8	7	6	2	9	4	1
2	1	4	5	9	3	6	8	7
7	9	6	8	1	4	5	2	3
1	6	7	9	3	8	2	5	4
9	4	2	1	7	5	8	3	6
8	5	3	4	2	6	1	7	9

048

6	5	4	9	1	2	3	7	8
2	1	9	3	7	8	4	5	6
3	8	7	4	5	6	9	2	1
9	2	6	1	4	5	8	3	7
1	3	5	7	8	9	2	6	4
7	4	8	6	2	3	5	1	9
4	9	1	2	3	7	6	8	5
5	7	2	8	6	4	1	9	3
8	6	3	5	9	1	7	4	2

049

1	7	4	6	9	2	5	8	3
9	6	3	5	7	8	2	4	1
2	5	8	4	1	3	9	6	7
3	4	2	7	8	9	1	5	6
7	9	5	1	3	6	4	2	8
8	1	6	2	5	4	7	3	9
4	3	9	8	2	1	6	7	5
5	2	1	3	6	7	8	9	4
6	8	7	9	4	5	3	1	2

050

7	8	3	4	1	9	6	2	5
5	9	6	7	8	2	3	4	1
2	4	1	6	5	3	9	7	8
1	6	4	8	2	7	5	3	9
3	7	5	9	6	1	2	8	4
9	2	8	3	4	5	1	6	7
4	3	7	5	9	6	8	1	2
8	5	2	1	3	4	7	9	6
6	1	9	2	7	8	4	5	3

051

7	6	8	9	1	5	2	4	3
4	5	9	2	6	3	1	8	7
3	2	1	8	4	7	5	6	9
9	4	3	5	7	8	6	1	2
6	7	5	3	2	1	4	9	8
1	8	2	4	9	6	3	7	5
2	3	7	6	8	4	9	5	1
8	9	6	1	5	2	7	3	4
5	1	4	7	3	9	8	2	6

052

5	1	6	3	9	4	2	7	8
2	9	3	8	1	7	5	4	6
8	4	7	6	5	2	3	9	1
1	6	5	2	7	3	4	8	9
4	7	9	5	8	1	6	2	3
3	2	8	9	4	6	1	5	7
9	3	1	4	2	8	7	6	5
6	8	4	7	3	5	9	1	2
7	5	2	1	6	9	8	3	4

053

5	6	7	4	8	9	3	1	2
1	2	3	5	7	6	9	4	8
9	8	4	3	2	1	7	5	6
6	4	2	1	3	7	8	9	5
7	5	1	6	9	8	2	3	4
3	9	8	2	4	5	6	7	1
8	1	6	7	5	3	4	2	9
4	3	5	9	6	2	1	8	7
2	7	9	8	1	4	5	6	3

054

1	5	9	8	3	6	4	7	2
2	8	7	1	9	4	5	6	3
4	6	3	2	7	5	9	1	8
9	7	6	3	8	2	1	5	4
5	2	8	4	1	9	6	3	7
3	4	1	5	6	7	2	8	9
6	3	4	7	2	1	8	9	5
7	1	2	9	5	8	3	4	6
8	9	5	6	4	3	7	2	1

055

1	7	5	9	2	3	6	8	4
8	3	6	7	5	4	2	9	1
9	4	2	6	1	8	7	5	3
2	1	3	4	8	9	5	7	6
4	8	9	5	6	7	3	1	2
5	6	7	1	3	2	9	4	8
3	5	4	2	7	1	8	6	9
6	2	1	8	9	5	4	3	7
7	9	8	3	4	6	1	2	5

056

8	6	5	4	1	7	2	9	3
7	1	2	3	6	9	8	5	4
4	3	9	5	8	2	1	6	7
5	7	1	8	9	4	3	2	6
6	4	8	1	2	3	5	7	9
2	9	3	7	5	6	4	8	1
9	8	4	2	7	1	6	3	5
1	2	6	9	3	5	7	4	8
3	5	7	6	4	8	9	1	2

057

3	8	5	4	9	2	1	7	6
6	7	2	8	5	1	9	4	3
1	9	4	3	7	6	2	8	5
7	2	8	1	6	5	3	9	4
5	4	3	9	8	7	6	2	1
9	1	6	2	4	3	8	5	7
4	3	1	5	2	9	7	6	8
2	5	7	6	3	8	4	1	9
8	6	9	7	1	4	5	3	2

058

6	1	3	7	9	2	5	8	4
4	9	5	6	1	8	3	2	7
7	8	2	4	3	5	1	6	9
5	7	6	2	4	9	8	1	3
8	2	1	5	7	3	4	9	6
3	4	9	8	6	1	7	5	2
9	5	8	3	2	4	6	7	1
1	6	4	9	8	7	2	3	5
2	3	7	1	5	6	9	4	8

059

5	7	4	3	9	2	6	8	1
1	6	3	5	8	4	9	7	2
8	2	9	1	6	7	5	3	4
6	3	7	9	1	8	4	2	5
9	8	1	4	2	5	3	6	7
2	4	5	7	3	6	8	1	9
4	1	2	6	5	3	7	9	8
7	9	6	8	4	1	2	5	3
3	5	8	2	7	9	1	4	6

060

8	6	7	1	3	5	2	4	9
3	9	1	6	4	2	5	8	7
4	2	5	7	8	9	1	6	3
2	8	9	5	1	6	3	7	4
5	1	4	3	7	8	6	9	2
6	7	3	9	2	4	8	5	1
1	4	2	8	6	7	9	3	5
7	5	8	2	9	3	4	1	6
9	3	6	4	5	1	7	2	8

061

2	7	3	9	6	5	1	4	8
9	1	4	2	8	7	3	6	5
6	5	8	4	3	1	2	9	7
3	4	2	8	1	9	7	5	6
8	6	7	5	2	3	9	1	4
1	9	5	7	4	6	8	3	2
7	2	9	3	5	4	6	8	1
4	3	1	6	7	8	5	2	9
5	8	6	1	9	2	4	7	3

062

7	2	8	6	1	4	5	9	3
1	9	3	8	2	5	6	7	4
5	6	4	3	7	9	2	1	8
3	1	6	5	4	7	9	8	2
9	8	7	1	3	2	4	6	5
4	5	2	9	6	8	1	3	7
6	7	1	2	5	3	8	4	9
2	3	9	4	8	6	7	5	1
8	4	5	7	9	1	3	2	6

063

3	1	6	5	9	2	4	7	8
4	7	2	1	8	3	9	5	6
5	8	9	4	6	7	3	2	1
6	9	4	3	7	5	8	1	2
1	5	3	6	2	8	7	4	9
7	2	8	9	4	1	6	3	5
8	3	5	7	1	6	2	9	4
2	4	7	8	5	9	1	6	3
9	6	1	2	3	4	5	8	7

064

3	8	6	2	7	9	4	5	1
4	7	1	6	5	8	3	9	2
2	5	9	3	4	1	8	7	6
9	3	4	8	2	5	1	6	7
5	6	7	9	1	3	2	4	8
8	1	2	7	6	4	9	3	5
7	4	8	1	9	6	5	2	3
6	9	3	5	8	2	7	1	4
1	2	5	4	3	7	6	8	9

065

6	5	2	4	7	1	3	8	9
3	7	8	2	5	9	1	6	4
4	1	9	6	8	3	7	2	5
2	4	5	8	3	7	9	1	6
7	9	1	5	2	6	8	4	3
8	3	6	1	9	4	5	7	2
1	2	3	9	6	8	4	5	7
5	8	7	3	4	2	6	9	1
9	6	4	7	1	5	2	3	8

066

4	9	8	2	3	7	5	1	6
3	2	6	5	1	8	7	4	9
1	5	7	6	9	4	2	8	3
7	3	1	9	8	5	6	2	4
6	8	5	1	4	2	9	3	7
9	4	2	3	7	6	1	5	8
2	7	4	8	6	1	3	9	5
5	6	9	4	2	3	8	7	1
8	1	3	7	5	9	4	6	2

067

8	4	1	7	9	6	2	5	3
5	7	6	1	2	3	8	9	4
9	3	2	8	5	4	7	6	1
1	6	9	5	3	7	4	8	2
3	5	8	6	4	2	9	1	7
4	2	7	9	8	1	5	3	6
7	8	3	4	6	5	1	2	9
6	9	4	2	1	8	3	7	5
2	1	5	3	7	9	6	4	8

068

7	1	5	6	2	4	9	8	3
6	4	8	9	7	3	5	2	1
2	9	3	5	8	1	7	6	4
8	5	9	7	1	2	3	4	6
3	6	7	4	5	8	1	9	2
1	2	4	3	9	6	8	5	7
4	7	6	8	3	9	2	1	5
9	3	2	1	6	5	4	7	8
5	8	1	2	4	7	6	3	9

069

7	3	5	9	6	8	1	4	2
4	9	1	5	2	7	3	8	6
8	6	2	1	4	3	5	9	7
1	2	9	6	8	5	7	3	4
3	4	7	2	9	1	8	6	5
5	8	6	3	7	4	2	1	9
2	7	3	4	1	9	6	5	8
9	1	8	7	5	6	4	2	3
6	5	4	8	3	2	9	7	1

070

8	6	4	1	5	9	2	3	7
1	9	3	4	2	7	5	8	6
5	7	2	3	8	6	4	9	1
3	4	5	6	9	2	1	7	8
7	1	9	8	4	5	3	6	2
6	2	8	7	3	1	9	5	4
2	3	7	5	6	4	8	1	9
4	8	1	9	7	3	6	2	5
9	5	6	2	1	8	7	4	3

071

9	8	1	4	5	7	2	3	6
6	3	4	1	2	9	7	8	5
2	5	7	3	8	6	1	4	9
4	7	9	8	6	5	3	2	1
8	1	3	9	4	2	6	5	7
5	2	6	7	3	1	8	9	4
1	4	2	6	9	8	5	7	3
3	6	5	2	7	4	9	1	8
7	9	8	5	1	3	4	6	2

072

7	6	8	9	3	2	5	4	1
2	3	5	4	8	1	6	7	9
9	4	1	7	5	6	2	8	3
5	2	6	8	1	7	9	3	4
1	8	3	5	9	4	7	6	2
4	7	9	2	6	3	1	5	8
8	5	2	6	4	9	3	1	7
6	1	7	3	2	8	4	9	5
3	9	4	1	7	5	8	2	6

073

8	7	6	1	5	4	2	9	3
5	3	1	2	9	6	8	7	4
4	2	9	8	7	3	1	5	6
3	4	2	9	8	7	5	6	1
9	8	5	6	2	1	3	4	7
1	6	7	4	3	5	9	2	8
6	5	3	7	1	2	4	8	9
2	9	4	3	6	8	7	1	5
7	1	8	5	4	9	6	3	2

074

2	5	9	7	3	1	8	6	4
7	3	6	8	9	4	2	1	5
1	8	4	5	2	6	7	3	9
3	6	8	9	7	2	4	5	1
4	2	7	3	1	5	6	9	8
5	9	1	4	6	8	3	7	2
9	4	3	2	5	7	1	8	6
8	1	5	6	4	3	9	2	7
6	7	2	1	8	9	5	4	3

075

1	7	2	6	5	3	4	9	8
5	4	9	7	2	8	6	3	1
3	6	8	1	9	4	7	5	2
4	9	6	3	8	5	2	1	7
7	2	3	4	1	9	8	6	5
8	1	5	2	6	7	3	4	9
6	8	1	5	3	2	9	7	4
9	5	7	8	4	6	1	2	3
2	3	4	9	7	1	5	8	6

076

4	9	6	7	8	3	5	2	1
8	5	2	6	9	1	3	7	4
3	7	1	4	5	2	8	6	9
2	6	8	1	4	7	9	5	3
5	1	7	9	3	8	6	4	2
9	4	3	5	2	6	7	1	8
1	8	4	3	6	5	2	9	7
6	2	9	8	7	4	1	3	5
7	3	5	2	1	9	4	8	6

077

1	3	7	5	8	4	2	9	6
2	5	4	7	6	9	1	8	3
6	9	8	2	1	3	4	7	5
8	6	1	4	3	2	9	5	7
3	7	2	6	9	5	8	1	4
9	4	5	8	7	1	6	3	2
5	8	3	1	4	6	7	2	9
7	2	6	9	5	8	3	4	1
4	1	9	3	2	7	5	6	8

078

2	7	1	5	9	6	4	3	8
5	3	9	4	1	8	2	6	7
6	8	4	3	7	2	5	1	9
7	5	6	2	8	4	3	9	1
8	1	3	9	6	5	7	4	2
4	9	2	1	3	7	6	8	5
9	4	7	8	5	3	1	2	6
1	2	5	6	4	9	8	7	3
3	6	8	7	2	1	9	5	4

079

4	8	2	1	3	7	5	9	6
1	6	7	8	5	9	2	3	4
5	9	3	2	4	6	8	7	1
3	7	5	4	2	1	6	8	9
6	4	9	3	7	8	1	2	5
8	2	1	6	9	5	3	4	7
2	3	6	9	1	4	7	5	8
9	5	8	7	6	2	4	1	3
7	1	4	5	8	3	9	6	2

080

1	8	7	9	5	3	4	6	2
2	3	9	4	1	6	7	8	5
5	4	6	8	2	7	1	9	3
6	1	2	3	4	5	9	7	8
3	7	8	1	6	9	5	2	4
9	5	4	7	8	2	6	3	1
7	9	1	2	3	4	8	5	6
8	2	5	6	9	1	3	4	7
4	6	3	5	7	8	2	1	9

081

2	6	1	9	4	5	8	3	7
3	9	4	1	7	8	6	5	2
8	7	5	6	3	2	4	1	9
9	8	6	2	5	7	3	4	1
7	5	3	4	1	6	9	2	8
4	1	2	8	9	3	5	7	6
6	4	7	5	8	1	2	9	3
5	3	8	7	2	9	1	6	4
1	2	9	3	6	4	7	8	5

082

9	1	3	4	5	8	7	2	6
8	7	2	6	1	9	5	4	3
4	6	5	3	2	7	8	1	9
5	8	7	2	6	1	3	9	4
6	3	1	7	9	4	2	8	5
2	4	9	8	3	5	6	7	1
7	5	6	9	4	2	1	3	8
3	2	4	1	8	6	9	5	7
1	9	8	5	7	3	4	6	2

083

1	2	6	4	9	7	8	3	5
7	9	3	8	6	5	2	1	4
4	5	8	2	3	1	9	7	6
3	6	5	7	2	8	4	9	1
9	7	2	1	4	3	5	6	8
8	1	4	9	5	6	3	2	7
6	4	9	5	1	2	7	8	3
5	3	7	6	8	9	1	4	2
2	8	1	3	7	4	6	5	9

084

3	2	7	8	5	1	6	9	4
8	6	9	2	4	3	1	7	5
5	4	1	9	6	7	2	3	8
7	5	3	4	2	6	9	8	1
4	8	6	5	1	9	7	2	3
9	1	2	3	7	8	4	5	6
1	3	8	7	9	4	5	6	2
2	9	4	6	8	5	3	1	7
6	7	5	1	3	2	8	4	9

085

3	4	6	2	1	7	5	8	9
2	7	5	9	4	8	6	1	3
8	9	1	6	5	3	4	7	2
4	3	2	1	9	6	7	5	8
6	5	8	3	7	2	9	4	1
9	1	7	4	8	5	2	3	6
1	8	4	5	6	9	3	2	7
5	6	3	7	2	1	8	9	4
7	2	9	8	3	4	1	6	5

086

1	2	8	9	7	6	4	3	5
6	7	5	4	8	3	2	9	1
3	9	4	2	5	1	7	6	8
4	3	7	8	6	9	5	1	2
5	6	9	1	4	2	3	8	7
2	8	1	7	3	5	9	4	6
7	4	6	5	9	8	1	2	3
8	5	2	3	1	4	6	7	9
9	1	3	6	2	7	8	5	4

087

3	7	9	2	8	1	5	6	4
5	1	6	7	4	9	8	3	2
4	8	2	3	5	6	1	7	9
6	5	3	8	2	4	7	9	1
7	2	8	9	1	5	3	4	6
1	9	4	6	3	7	2	5	8
9	6	1	5	7	8	4	2	3
2	4	5	1	9	3	6	8	7
8	3	7	4	6	2	9	1	5

088

5	2	7	9	3	6	8	4	1
8	4	1	7	2	5	6	9	3
3	9	6	1	8	4	5	2	7
2	5	8	6	9	3	1	7	4
9	7	3	5	4	1	2	8	6
1	6	4	2	7	8	9	3	5
4	1	2	3	5	9	7	6	8
7	3	5	8	6	2	4	1	9
6	8	9	4	1	7	3	5	2

089

6	5	8	9	7	4	2	3	1
4	1	2	5	3	6	9	7	8
7	9	3	1	2	8	4	6	5
2	7	5	6	8	9	3	1	4
9	6	1	3	4	2	8	5	7
8	3	4	7	5	1	6	9	2
5	4	7	2	6	3	1	8	9
3	2	9	8	1	5	7	4	6
1	8	6	4	9	7	5	2	3

090

2	7	3	1	4	9	5	6	8
9	4	8	6	5	7	1	3	2
1	6	5	3	2	8	7	9	4
6	8	4	9	1	3	2	7	5
3	2	9	4	7	5	6	8	1
5	1	7	8	6	2	9	4	3
4	9	1	5	8	6	3	2	7
8	3	2	7	9	1	4	5	6
7	5	6	2	3	4	8	1	9

091

2	3	5	7	4	6	1	8	9
9	4	7	1	8	5	3	2	6
1	8	6	3	9	2	4	5	7
3	6	4	8	5	9	7	1	2
7	2	8	4	3	1	9	6	5
5	9	1	6	2	7	8	4	3
6	7	9	2	1	4	5	3	8
4	5	3	9	6	8	2	7	1
8	1	2	5	7	3	6	9	4

092

3	6	1	8	2	7	4	9	5
9	8	5	1	3	4	7	6	2
2	4	7	9	5	6	8	3	1
7	3	6	2	9	1	5	4	8
8	2	9	7	4	5	6	1	3
1	5	4	3	6	8	9	2	7
6	1	8	4	7	2	3	5	9
4	7	3	5	1	9	2	8	6
5	9	2	6	8	3	1	7	4

093

4	6	8	1	2	7	5	3	9
3	7	1	5	9	4	8	6	2
9	2	5	3	6	8	4	7	1
8	5	9	4	7	3	2	1	6
1	4	7	2	8	6	3	9	5
2	3	6	9	1	5	7	8	4
5	1	4	8	3	9	6	2	7
7	9	3	6	4	2	1	5	8
6	8	2	7	5	1	9	4	3

094

3	8	6	4	5	9	2	1	7
7	9	2	1	3	8	6	5	4
5	4	1	6	2	7	3	8	9
8	7	4	5	1	6	9	2	3
6	5	9	2	8	3	7	4	1
2	1	3	7	9	4	8	6	5
4	6	5	3	7	2	1	9	8
1	3	8	9	6	5	4	7	2
9	2	7	8	4	1	5	3	6

095

3	5	9	6	2	1	7	8	4
2	8	1	4	7	9	5	6	3
7	4	6	5	3	8	9	2	1
9	1	8	3	6	5	2	4	7
6	3	7	2	1	4	8	5	9
5	2	4	8	9	7	3	1	6
8	6	2	9	4	3	1	7	5
4	7	3	1	5	2	6	9	8
1	9	5	7	8	6	4	3	2

096

6	5	7	3	2	4	8	9	1
8	1	2	5	9	6	3	4	7
4	9	3	8	1	7	6	5	2
9	3	4	7	8	2	5	1	6
5	6	8	1	4	3	7	2	9
7	2	1	6	5	9	4	3	8
2	8	6	9	3	5	1	7	4
1	4	5	2	7	8	9	6	3
3	7	9	4	6	1	2	8	5

097

5	9	1	3	6	7	2	8	4
3	6	7	8	4	2	9	1	5
8	4	2	5	9	1	3	7	6
1	2	3	4	7	6	8	5	9
9	8	6	2	3	5	7	4	1
4	7	5	9	1	8	6	2	3
2	3	9	1	8	4	5	6	7
7	1	8	6	5	9	4	3	2
6	5	4	7	2	3	1	9	8

098

2	8	4	6	3	7	1	5	9
5	6	3	1	8	9	4	7	2
1	7	9	4	5	2	8	6	3
9	5	8	3	2	6	7	1	4
4	3	6	5	7	1	9	2	8
7	1	2	8	9	4	6	3	5
8	9	7	2	6	5	3	4	1
3	4	5	7	1	8	2	9	6
6	2	1	9	4	3	5	8	7

099

7	8	9	1	3	2	6	4	5
3	6	2	8	5	4	1	9	7
1	5	4	6	9	7	3	2	8
4	9	8	3	7	6	5	1	2
5	2	7	9	4	1	8	6	3
6	3	1	2	8	5	9	7	4
2	4	6	5	1	8	7	3	9
8	1	3	7	2	9	4	5	6
9	7	5	4	6	3	2	8	1

100

6	7	9	8	2	1	3	5	4
1	4	3	9	6	5	2	8	7
2	5	8	3	4	7	6	1	9
4	9	2	6	1	8	7	3	5
7	8	6	5	3	4	9	2	1
5	3	1	7	9	2	8	4	6
9	6	4	1	8	3	5	7	2
8	2	7	4	5	6	1	9	3
3	1	5	2	7	9	4	6	8

101

8	9	3	7	6	5	2	4	1
5	2	4	1	3	9	8	6	7
1	6	7	4	2	8	5	3	9
3	4	6	2	1	7	9	5	8
2	7	8	9	5	6	4	1	3
9	1	5	3	8	4	6	7	2
4	3	1	6	9	2	7	8	5
7	8	2	5	4	3	1	9	6
6	5	9	8	7	1	3	2	4

102

7	9	5	3	2	4	1	6	8
1	4	2	5	6	8	9	3	7
8	3	6	1	9	7	4	5	2
2	1	7	6	3	9	8	4	5
4	8	3	7	5	2	6	9	1
5	6	9	8	4	1	7	2	3
3	7	4	9	1	5	2	8	6
6	2	8	4	7	3	5	1	9
9	5	1	2	8	6	3	7	4

103

7	2	9	8	6	1	4	5	3
3	8	5	4	7	9	2	6	1
4	6	1	2	3	5	8	9	7
5	3	4	6	1	7	9	2	8
2	9	6	5	8	3	7	1	4
8	1	7	9	4	2	5	3	6
1	5	3	7	2	8	6	4	9
9	4	8	3	5	6	1	7	2
6	7	2	1	9	4	3	8	5

104

9	2	3	6	4	1	5	7	8
6	8	4	7	3	5	2	1	9
7	1	5	8	2	9	3	4	6
4	5	1	9	7	2	6	8	3
3	6	9	4	5	8	1	2	7
8	7	2	1	6	3	4	9	5
2	4	6	3	8	7	9	5	1
1	3	7	5	9	4	8	6	2
5	9	8	2	1	6	7	3	4

105

5	6	8	2	7	9	3	1	4
1	9	2	4	3	6	5	7	8
3	4	7	5	8	1	9	2	6
7	1	6	3	5	2	8	4	9
2	5	3	8	9	4	7	6	1
4	8	9	6	1	7	2	5	3
9	7	5	1	4	8	6	3	2
6	3	4	9	2	5	1	8	7
8	2	1	7	6	3	4	9	5

106

1	9	6	4	3	8	5	7	2
5	3	8	2	7	6	4	9	1
2	7	4	1	5	9	3	6	8
9	1	3	5	4	7	8	2	6
4	8	2	6	1	3	9	5	7
6	5	7	9	8	2	1	4	3
7	4	1	8	6	5	2	3	9
8	6	9	3	2	4	7	1	5
3	2	5	7	9	1	6	8	4

107

3	9	2	5	6	7	1	8	4
6	4	7	8	1	3	9	5	2
5	1	8	4	9	2	7	3	6
2	3	5	1	4	6	8	9	7
1	8	4	7	5	9	2	6	3
9	7	6	2	3	8	5	4	1
7	5	1	6	8	4	3	2	9
8	6	3	9	2	1	4	7	5
4	2	9	3	7	5	6	1	8

108

8	1	6	4	7	3	2	5	9
3	4	5	2	9	8	1	6	7
2	9	7	6	1	5	3	4	8
4	3	1	7	5	2	8	9	6
5	7	8	9	6	1	4	3	2
9	6	2	3	8	4	5	7	1
1	8	9	5	4	6	7	2	3
7	5	3	1	2	9	6	8	4
6	2	4	8	3	7	9	1	5

109

7	9	6	4	2	5	1	8	3
4	2	1	9	8	3	6	7	5
3	8	5	7	6	1	4	2	9
8	6	9	1	3	2	5	4	7
1	5	3	8	4	7	9	6	2
2	7	4	6	5	9	8	3	1
9	4	7	2	1	6	3	5	8
6	3	2	5	9	8	7	1	4
5	1	8	3	7	4	2	9	6

110

4	6	7	8	5	9	3	1	2
1	9	3	6	4	2	7	8	5
2	5	8	1	7	3	6	9	4
7	8	9	5	2	1	4	6	3
5	2	6	3	8	4	1	7	9
3	1	4	7	9	6	2	5	8
8	3	5	4	1	7	9	2	6
9	4	1	2	6	5	8	3	7
6	7	2	9	3	8	5	4	1

111

6	5	3	1	2	8	9	7	4
7	8	9	4	6	5	1	2	3
4	1	2	7	3	9	5	6	8
2	7	6	8	1	3	4	9	5
8	4	5	9	7	2	6	3	1
9	3	1	6	5	4	2	8	7
3	9	4	2	8	1	7	5	6
1	6	8	5	9	7	3	4	2
5	2	7	3	4	6	8	1	9

112

6	3	2	7	1	8	5	9	4
7	5	8	9	2	4	3	6	1
4	9	1	3	6	5	2	7	8
2	4	9	1	8	7	6	3	5
8	7	5	6	3	9	4	1	2
1	6	3	4	5	2	9	8	7
3	2	4	8	9	1	7	5	6
9	8	7	5	4	6	1	2	3
5	1	6	2	7	3	8	4	9

113

2	8	9	3	1	5	6	7	4
3	5	1	6	7	4	2	9	8
7	4	6	8	2	9	5	3	1
1	6	3	4	8	7	9	5	2
4	9	2	5	3	1	7	8	6
8	7	5	2	9	6	1	4	3
9	2	7	1	4	8	3	6	5
6	3	8	7	5	2	4	1	9
5	1	4	9	6	3	8	2	7

114

7	9	8	6	1	3	2	5	4
6	1	2	8	5	4	7	9	3
3	5	4	7	9	2	1	6	8
4	7	1	3	2	5	9	8	6
2	8	3	9	4	6	5	7	1
5	6	9	1	7	8	4	3	2
9	4	6	2	3	7	8	1	5
8	2	7	5	6	1	3	4	9
1	3	5	4	8	9	6	2	7

115

7	5	1	9	2	6	8	3	4
2	4	6	5	8	3	9	1	7
3	9	8	7	1	4	2	5	6
4	6	9	3	7	8	1	2	5
5	3	7	2	6	1	4	8	9
1	8	2	4	9	5	6	7	3
9	7	3	1	4	2	5	6	8
8	1	4	6	5	7	3	9	2
6	2	5	8	3	9	7	4	1

116

4	6	5	8	7	3	2	1	9
9	8	1	6	4	2	7	5	3
2	7	3	5	9	1	8	4	6
6	2	4	9	3	5	1	8	7
5	1	8	7	2	6	9	3	4
3	9	7	4	1	8	6	2	5
7	3	6	1	8	4	5	9	2
1	4	9	2	5	7	3	6	8
8	5	2	3	6	9	4	7	1

117

7	8	4	1	6	5	3	9	2
9	5	3	2	8	7	6	1	4
2	6	1	9	3	4	8	7	5
8	9	6	3	4	1	5	2	7
5	4	2	6	7	8	1	3	9
3	1	7	5	2	9	4	6	8
6	3	9	8	5	2	7	4	1
4	2	8	7	1	6	9	5	3
1	7	5	4	9	3	2	8	6

118

7	6	5	3	9	2	1	4	8
4	1	9	8	5	7	2	3	6
3	2	8	6	4	1	9	7	5
9	5	6	2	1	4	3	8	7
1	4	3	5	7	8	6	9	2
2	8	7	9	6	3	4	5	1
6	3	1	4	8	5	7	2	9
5	7	2	1	3	9	8	6	4
8	9	4	7	2	6	5	1	3

119

5	3	2	7	8	6	9	1	4
8	6	1	3	9	4	5	2	7
7	9	4	1	5	2	6	8	3
6	1	7	2	4	8	3	5	9
2	4	9	5	6	3	8	7	1
3	5	8	9	1	7	4	6	2
4	8	3	6	2	1	7	9	5
1	7	5	8	3	9	2	4	6
9	2	6	4	7	5	1	3	8

120

9	3	2	5	7	1	6	4	8
6	1	7	8	4	9	5	3	2
8	4	5	3	2	6	7	9	1
2	8	6	4	1	5	3	7	9
3	9	4	7	6	2	8	1	5
7	5	1	9	8	3	4	2	6
5	7	9	1	3	8	2	6	4
1	6	3	2	5	4	9	8	7
4	2	8	6	9	7	1	5	3

121

6	9	4	8	1	2	5	3	7
3	7	5	6	9	4	1	2	8
8	1	2	3	5	7	9	4	6
4	2	9	1	7	6	8	5	3
1	6	3	5	8	9	2	7	4
5	8	7	4	2	3	6	9	1
2	5	1	7	3	8	4	6	9
9	3	6	2	4	1	7	8	5
7	4	8	9	6	5	3	1	2

122

4	1	2	5	8	6	7	3	9
3	6	8	1	9	7	2	4	5
7	9	5	3	4	2	6	8	1
2	5	6	4	3	9	8	1	7
1	8	4	7	2	5	9	6	3
9	7	3	8	6	1	5	2	4
6	4	9	2	5	3	1	7	8
8	2	7	9	1	4	3	5	6
5	3	1	6	7	8	4	9	2

123

7	2	1	8	5	6	9	3	4
8	9	6	4	2	3	5	1	7
5	4	3	1	9	7	8	6	2
6	7	9	3	8	4	1	2	5
4	5	8	2	6	1	7	9	3
3	1	2	9	7	5	6	4	8
9	3	7	6	4	8	2	5	1
1	6	5	7	3	2	4	8	9
2	8	4	5	1	9	3	7	6

124

3	9	7	8	2	6	1	4	5
5	8	2	3	4	1	6	7	9
6	1	4	5	7	9	3	8	2
8	3	9	7	1	2	5	6	4
2	6	1	4	5	8	7	9	3
7	4	5	6	9	3	8	2	1
9	2	6	1	8	5	4	3	7
1	7	3	2	6	4	9	5	8
4	5	8	9	3	7	2	1	6

125

5	8	4	7	6	3	1	9	2
1	9	2	5	8	4	7	6	3
7	3	6	2	1	9	5	8	4
9	5	8	3	7	6	2	4	1
2	4	7	9	5	1	6	3	8
3	6	1	4	2	8	9	7	5
4	1	9	6	3	2	8	5	7
8	7	3	1	9	5	4	2	6
6	2	5	8	4	7	3	1	9

126

4	8	6	5	2	7	9	3	1
3	1	2	9	4	6	5	8	7
9	5	7	8	3	1	4	6	2
1	7	5	4	8	2	6	9	3
6	2	3	7	5	9	1	4	8
8	9	4	1	6	3	2	7	5
2	4	9	3	7	5	8	1	6
7	6	1	2	9	8	3	5	4
5	3	8	6	1	4	7	2	9

127

3	9	8	6	1	2	7	5	4
2	5	1	3	4	7	8	9	6
6	7	4	9	8	5	3	1	2
4	3	5	1	7	8	6	2	9
8	2	9	5	3	6	4	7	1
1	6	7	2	9	4	5	3	8
5	8	3	4	2	9	1	6	7
7	1	2	8	6	3	9	4	5
9	4	6	7	5	1	2	8	3

128

6	9	5	1	3	2	8	7	4
3	8	7	5	4	6	2	9	1
1	2	4	7	9	8	3	5	6
9	3	6	8	5	4	1	2	7
8	5	2	9	1	7	4	6	3
4	7	1	2	6	3	9	8	5
5	1	8	3	7	9	6	4	2
2	6	3	4	8	5	7	1	9
7	4	9	6	2	1	5	3	8

129

9	4	5	7	2	8	6	3	1
2	3	7	9	6	1	4	8	5
6	8	1	4	5	3	7	2	9
8	6	9	5	4	7	2	1	3
1	7	2	3	8	9	5	4	6
4	5	3	6	1	2	9	7	8
7	9	4	1	3	5	8	6	2
3	2	6	8	9	4	1	5	7
5	1	8	2	7	6	3	9	4

130

5	1	2	9	7	3	6	4	8
6	4	8	2	1	5	9	7	3
9	7	3	4	8	6	2	5	1
3	9	4	7	6	8	1	2	5
1	8	5	3	2	4	7	6	9
7	2	6	5	9	1	8	3	4
2	3	9	1	5	7	4	8	6
4	6	1	8	3	2	5	9	7
8	5	7	6	4	9	3	1	2

131

1	5	2	7	8	4	6	9	3
6	4	7	3	1	9	8	5	2
8	9	3	6	5	2	4	1	7
5	3	6	8	2	7	9	4	1
4	7	1	9	3	6	5	2	8
2	8	9	1	4	5	7	3	6
3	1	4	5	7	8	2	6	9
9	2	8	4	6	1	3	7	5
7	6	5	2	9	3	1	8	4

132

5	1	9	8	3	4	6	7	2
8	4	3	6	7	2	5	1	9
6	7	2	5	1	9	3	4	8
3	2	4	9	5	7	8	6	1
9	8	6	3	4	1	7	2	5
7	5	1	2	8	6	4	9	3
1	6	5	4	2	8	9	3	7
2	9	8	7	6	3	1	5	4
4	3	7	1	9	5	2	8	6

133

3	4	7	2	5	9	6	1	8
2	9	6	1	4	8	5	7	3
1	5	8	7	3	6	4	9	2
4	6	1	3	7	5	8	2	9
9	8	5	6	2	1	7	3	4
7	3	2	8	9	4	1	6	5
5	1	4	9	6	3	2	8	7
8	2	3	4	1	7	9	5	6
6	7	9	5	8	2	3	4	1

134

7	1	3	5	8	4	9	2	6
6	8	5	7	2	9	3	4	1
2	9	4	6	1	3	5	8	7
1	4	2	3	9	7	6	5	8
5	7	8	1	4	6	2	9	3
3	6	9	2	5	8	7	1	4
9	5	7	8	3	1	4	6	2
8	2	6	4	7	5	1	3	9
4	3	1	9	6	2	8	7	5

135

2	7	3	5	1	4	9	8	6
9	8	1	6	2	7	3	4	5
6	4	5	9	8	3	7	2	1
4	5	7	3	9	2	6	1	8
3	9	2	8	6	1	5	7	4
8	1	6	4	7	5	2	9	3
7	6	9	1	3	8	4	5	2
5	2	8	7	4	6	1	3	9
1	3	4	2	5	9	8	6	7

136

8	7	1	5	4	3	2	6	9
4	2	3	6	8	9	1	7	5
5	6	9	2	7	1	4	8	3
6	9	4	3	5	2	7	1	8
2	5	8	7	1	6	3	9	4
1	3	7	4	9	8	5	2	6
9	8	5	1	2	4	6	3	7
3	4	2	9	6	7	8	5	1
7	1	6	8	3	5	9	4	2

137

4	5	2	1	9	8	6	7	3
8	3	9	5	6	7	1	2	4
7	1	6	3	2	4	5	8	9
3	2	5	9	7	1	8	4	6
9	8	1	6	4	5	2	3	7
6	4	7	8	3	2	9	1	5
2	9	3	4	8	6	7	5	1
1	7	4	2	5	9	3	6	8
5	6	8	7	1	3	4	9	2

138

4	1	6	8	5	7	2	3	9
7	5	3	1	2	9	4	6	8
2	9	8	3	4	6	7	5	1
5	6	4	7	1	8	3	9	2
1	3	7	6	9	2	5	8	4
8	2	9	5	3	4	1	7	6
6	8	1	2	7	3	9	4	5
9	7	2	4	6	5	8	1	3
3	4	5	9	8	1	6	2	7

139

8	9	6	1	4	5	2	3	7
2	1	7	3	9	8	4	5	6
4	3	5	6	2	7	9	8	1
7	4	1	8	5	9	3	6	2
6	8	9	7	3	2	1	4	5
3	5	2	4	1	6	8	7	9
1	7	3	2	6	4	5	9	8
9	6	4	5	8	1	7	2	3
5	2	8	9	7	3	6	1	4

140

7	1	6	8	3	4	9	2	5
5	8	9	2	1	6	3	4	7
2	3	4	7	9	5	8	6	1
4	2	1	5	6	3	7	8	9
8	6	5	9	2	7	4	1	3
3	9	7	4	8	1	6	5	2
9	4	3	1	5	8	2	7	6
1	7	2	6	4	9	5	3	8
6	5	8	3	7	2	1	9	4

141

5	7	3	2	4	1	6	9	8
1	4	9	6	8	7	2	3	5
8	2	6	3	9	5	4	1	7
4	3	1	9	7	2	8	5	6
7	9	5	4	6	8	1	2	3
6	8	2	5	1	3	9	7	4
9	1	7	8	5	6	3	4	2
3	5	8	1	2	4	7	6	9
2	6	4	7	3	9	5	8	1

142

2	5	3	6	8	9	1	4	7
8	9	1	7	5	4	3	2	6
4	7	6	1	2	3	5	9	8
5	1	4	8	3	2	7	6	9
3	6	2	9	7	1	8	5	4
7	8	9	5	4	6	2	3	1
9	2	7	3	6	8	4	1	5
1	4	5	2	9	7	6	8	3
6	3	8	4	1	5	9	7	2

143

8	3	9	5	6	2	1	7	4
6	4	2	9	7	1	5	3	8
7	1	5	4	8	3	2	6	9
2	6	4	8	3	9	7	5	1
9	5	7	1	2	6	4	8	3
3	8	1	7	5	4	9	2	6
1	2	8	6	9	7	3	4	5
5	9	3	2	4	8	6	1	7
4	7	6	3	1	5	8	9	2

144

5	2	1	3	4	8	9	7	6
3	6	8	9	7	1	2	5	4
9	7	4	5	2	6	1	8	3
8	9	2	6	3	7	4	1	5
7	1	5	4	8	2	3	6	9
6	4	3	1	9	5	8	2	7
4	5	6	2	1	3	7	9	8
2	8	9	7	5	4	6	3	1
1	3	7	8	6	9	5	4	2

145

8	6	4	9	2	5	7	1	3
9	1	3	7	8	6	4	5	2
5	7	2	4	3	1	8	9	6
1	3	8	6	5	4	9	2	7
4	2	9	3	7	8	5	6	1
6	5	7	2	1	9	3	4	8
2	8	1	5	9	3	6	7	4
7	9	6	8	4	2	1	3	5
3	4	5	1	6	7	2	8	9

146

4	9	3	2	5	8	6	1	7
6	2	5	1	3	7	9	4	8
7	8	1	6	4	9	5	2	3
3	6	7	5	9	4	2	8	1
2	5	8	7	1	3	4	9	6
1	4	9	8	6	2	3	7	5
9	3	6	4	7	1	8	5	2
8	1	4	3	2	5	7	6	9
5	7	2	9	8	6	1	3	4

147

8	3	1	7	4	5	2	6	9
7	2	6	9	3	8	4	5	1
9	5	4	6	1	2	8	3	7
2	9	7	8	6	3	1	4	5
6	4	3	2	5	1	7	9	8
5	1	8	4	7	9	3	2	6
1	6	9	3	2	7	5	8	4
4	7	2	5	8	6	9	1	3
3	8	5	1	9	4	6	7	2

148

5	4	3	6	7	1	8	9	2
9	6	8	2	4	5	7	1	3
7	1	2	3	8	9	5	4	6
4	3	7	8	6	2	1	5	9
6	2	5	9	1	7	4	3	8
1	8	9	4	5	3	6	2	7
3	7	1	5	9	6	2	8	4
2	5	4	7	3	8	9	6	1
8	9	6	1	2	4	3	7	5

149

4	5	9	3	7	1	8	6	2
3	8	6	2	9	5	4	7	1
7	1	2	8	4	6	5	3	9
2	7	3	4	1	9	6	8	5
1	4	5	6	8	7	2	9	3
6	9	8	5	3	2	7	1	4
9	6	7	1	5	4	3	2	8
8	2	4	9	6	3	1	5	7
5	3	1	7	2	8	9	4	6

150

2	7	6	4	8	9	5	3	1
8	1	4	5	3	7	2	9	6
9	3	5	2	6	1	7	4	8
5	6	7	1	9	3	8	2	4
4	9	3	8	5	2	1	6	7
1	2	8	6	7	4	9	5	3
7	8	9	3	2	6	4	1	5
3	5	1	9	4	8	6	7	2
6	4	2	7	1	5	3	8	9

151

7	4	2	3	6	1	9	5	8
8	6	9	5	4	2	1	7	3
3	1	5	7	9	8	4	2	6
4	5	7	9	2	3	8	6	1
1	9	8	4	5	6	2	3	7
6	2	3	1	8	7	5	9	4
9	7	1	2	3	4	6	8	5
2	3	6	8	1	5	7	4	9
5	8	4	6	7	9	3	1	2

152

5	9	2	4	8	1	3	6	7
1	4	8	3	6	7	2	9	5
3	7	6	2	9	5	1	4	8
8	2	4	7	3	9	5	1	6
7	6	1	5	2	4	8	3	9
9	5	3	8	1	6	7	2	4
2	1	9	6	7	8	4	5	3
6	8	5	1	4	3	9	7	2
4	3	7	9	5	2	6	8	1

153

8	7	6	9	2	1	5	4	3
4	9	3	7	6	5	2	1	8
2	5	1	8	4	3	7	6	9
1	2	9	5	3	8	4	7	6
7	3	8	6	1	4	9	5	2
6	4	5	2	9	7	3	8	1
9	8	4	3	5	6	1	2	7
5	6	2	1	7	9	8	3	4
3	1	7	4	8	2	6	9	5

154

7	8	9	6	1	2	3	5	4
6	1	3	4	9	5	7	8	2
2	4	5	3	7	8	1	6	9
3	6	8	2	5	4	9	7	1
5	7	1	9	8	3	2	4	6
9	2	4	7	6	1	8	3	5
1	9	6	8	4	7	5	2	3
4	3	7	5	2	9	6	1	8
8	5	2	1	3	6	4	9	7

155

2	5	9	1	7	4	3	6	8
4	7	8	6	2	3	1	9	5
6	1	3	8	5	9	2	4	7
9	6	2	7	8	1	5	3	4
7	4	1	5	3	6	8	2	9
3	8	5	9	4	2	6	7	1
5	2	7	3	9	8	4	1	6
1	9	4	2	6	5	7	8	3
8	3	6	4	1	7	9	5	2

156

6	9	1	4	3	2	8	7	5
4	8	5	9	7	1	3	6	2
3	7	2	6	5	8	4	9	1
1	6	3	8	9	7	2	5	4
5	4	8	2	6	3	7	1	9
7	2	9	1	4	5	6	3	8
9	5	7	3	2	4	1	8	6
8	3	4	5	1	6	9	2	7
2	1	6	7	8	9	5	4	3

157

9	2	1	4	6	7	3	5	8
3	7	4	8	5	9	1	2	6
5	8	6	2	3	1	7	9	4
6	3	2	9	1	4	5	8	7
8	5	9	7	2	6	4	1	3
4	1	7	3	8	5	9	6	2
2	9	5	6	7	3	8	4	1
7	4	8	1	9	2	6	3	5
1	6	3	5	4	8	2	7	9

158

2	9	6	8	5	1	3	7	4
5	1	4	3	2	7	9	6	8
8	7	3	9	4	6	5	2	1
9	3	5	6	8	4	2	1	7
4	6	7	1	3	2	8	9	5
1	8	2	5	7	9	6	4	3
7	2	8	4	9	3	1	5	6
3	4	1	2	6	5	7	8	9
6	5	9	7	1	8	4	3	2

159

1	7	9	4	8	2	3	5	6
2	4	6	9	3	5	7	8	1
3	8	5	6	1	7	9	2	4
7	6	3	1	2	9	5	4	8
8	2	4	3	5	6	1	9	7
9	5	1	8	7	4	6	3	2
4	9	8	5	6	1	2	7	3
5	1	2	7	4	3	8	6	9
6	3	7	2	9	8	4	1	5

160

3	4	6	1	7	5	8	2	9
2	1	5	3	8	9	7	4	6
7	8	9	6	2	4	5	1	3
5	9	7	8	4	1	3	6	2
1	2	3	5	9	6	4	7	8
8	6	4	2	3	7	9	5	1
9	7	1	4	6	8	2	3	5
4	5	2	9	1	3	6	8	7
6	3	8	7	5	2	1	9	4

161

7	8	6	4	2	1	3	5	9
3	1	2	9	5	6	8	4	7
9	4	5	3	7	8	6	1	2
8	5	1	2	9	3	7	6	4
6	3	7	1	4	5	9	2	8
2	9	4	6	8	7	5	3	1
5	6	9	7	1	2	4	8	3
4	2	8	5	3	9	1	7	6
1	7	3	8	6	4	2	9	5

162

9	8	4	6	5	2	7	1	3
7	6	3	9	4	1	2	5	8
1	2	5	3	8	7	9	6	4
2	4	1	7	6	5	8	3	9
8	3	9	2	1	4	6	7	5
5	7	6	8	3	9	1	4	2
4	5	2	1	9	6	3	8	7
3	1	7	5	2	8	4	9	6
6	9	8	4	7	3	5	2	1

163

2	1	5	7	3	8	9	6	4
4	9	3	5	6	1	8	7	2
6	7	8	4	9	2	1	5	3
9	8	4	3	1	6	5	2	7
1	5	6	8	2	7	4	3	9
7	3	2	9	5	4	6	1	8
5	6	7	2	8	9	3	4	1
8	2	1	6	4	3	7	9	5
3	4	9	1	7	5	2	8	6

164

4	6	9	8	3	5	2	1	7
1	8	3	4	7	2	5	6	9
7	2	5	1	9	6	4	8	3
6	4	2	3	1	8	7	9	5
8	3	7	2	5	9	6	4	1
5	9	1	6	4	7	3	2	8
9	7	6	5	2	1	8	3	4
2	5	4	9	8	3	1	7	6
3	1	8	7	6	4	9	5	2

165

9	4	1	3	2	8	6	7	5
8	7	5	1	9	6	4	3	2
6	3	2	5	7	4	9	8	1
5	2	4	9	6	3	7	1	8
3	1	8	7	4	5	2	9	6
7	9	6	2	8	1	5	4	3
4	8	7	6	3	2	1	5	9
1	6	3	4	5	9	8	2	7
2	5	9	8	1	7	3	6	4

166

5	6	2	1	8	7	9	4	3
8	3	9	2	4	5	6	7	1
4	7	1	9	3	6	5	2	8
7	5	4	8	6	2	1	3	9
2	1	3	7	5	9	8	6	4
6	9	8	4	1	3	7	5	2
9	4	5	3	7	8	2	1	6
3	8	7	6	2	1	4	9	5
1	2	6	5	9	4	3	8	7

167

8	1	9	2	3	5	7	4	6
3	5	7	9	4	6	1	2	8
6	4	2	7	8	1	3	5	9
5	7	1	4	6	9	2	8	3
2	6	4	3	7	8	9	1	5
9	8	3	1	5	2	4	6	7
4	2	6	8	9	3	5	7	1
7	9	8	5	1	4	6	3	2
1	3	5	6	2	7	8	9	4

168

8	9	1	7	6	3	5	4	2
4	7	3	1	5	2	9	6	8
5	2	6	4	9	8	3	1	7
9	1	8	5	2	4	6	7	3
2	5	7	8	3	6	1	9	4
6	3	4	9	1	7	2	8	5
1	8	5	2	4	9	7	3	6
7	6	2	3	8	1	4	5	9
3	4	9	6	7	5	8	2	1

169

5	3	9	1	8	7	6	4	2
8	4	7	2	9	6	1	3	5
1	6	2	4	3	5	8	7	9
4	9	5	8	6	1	3	2	7
6	1	3	7	4	2	5	9	8
7	2	8	3	5	9	4	6	1
9	7	4	5	1	3	2	8	6
3	5	6	9	2	8	7	1	4
2	8	1	6	7	4	9	5	3

170

9	7	4	1	2	5	3	6	8
3	5	2	7	8	6	4	1	9
1	8	6	3	9	4	2	5	7
5	1	9	4	3	7	6	8	2
6	2	3	8	5	1	7	9	4
7	4	8	2	6	9	1	3	5
8	6	7	5	1	2	9	4	3
4	3	1	9	7	8	5	2	6
2	9	5	6	4	3	8	7	1

171

9	5	2	7	1	3	8	6	4
1	4	7	2	8	6	3	5	9
3	8	6	4	5	9	1	7	2
5	2	8	1	9	7	4	3	6
6	9	4	8	3	5	2	1	7
7	1	3	6	2	4	9	8	5
8	7	9	3	6	2	5	4	1
2	6	1	5	4	8	7	9	3
4	3	5	9	7	1	6	2	8

172

5	1	2	6	9	3	8	4	7
3	7	6	8	2	4	9	5	1
8	9	4	7	1	5	2	3	6
2	5	9	1	4	6	7	8	3
7	6	3	5	8	2	1	9	4
1	4	8	9	3	7	6	2	5
4	3	7	2	6	8	5	1	9
6	8	1	3	5	9	4	7	2
9	2	5	4	7	1	3	6	8

173

7	2	3	8	6	5	4	9	1
5	4	1	9	3	2	6	8	7
6	9	8	1	7	4	2	3	5
2	8	7	3	9	1	5	6	4
1	5	4	6	2	8	9	7	3
9	3	6	4	5	7	1	2	8
8	7	5	2	4	6	3	1	9
3	1	2	5	8	9	7	4	6
4	6	9	7	1	3	8	5	2

174

6	2	1	8	7	9	5	3	4
7	9	5	4	2	3	1	6	8
3	4	8	6	5	1	9	7	2
8	5	9	3	4	2	6	1	7
1	3	7	9	8	6	2	4	5
2	6	4	7	1	5	3	8	9
4	1	6	2	9	8	7	5	3
9	8	3	5	6	7	4	2	1
5	7	2	1	3	4	8	9	6

175

4	6	2	3	7	1	5	9	8
3	5	9	4	2	8	6	1	7
8	7	1	9	6	5	2	3	4
1	3	8	6	4	2	9	7	5
2	4	5	1	9	7	3	8	6
7	9	6	5	8	3	4	2	1
6	1	3	8	5	9	7	4	2
5	8	7	2	3	4	1	6	9
9	2	4	7	1	6	8	5	3

176

6	3	9	2	7	1	5	8	4
5	1	4	8	3	9	7	2	6
7	8	2	6	4	5	3	9	1
1	9	3	5	8	6	4	7	2
4	6	7	3	1	2	8	5	9
2	5	8	4	9	7	6	1	3
3	7	1	9	5	4	2	6	8
9	4	6	7	2	8	1	3	5
8	2	5	1	6	3	9	4	7

177

5	8	1	7	2	6	4	9	3
7	4	6	9	3	8	5	1	2
3	9	2	1	5	4	7	8	6
9	6	3	4	7	2	1	5	8
4	5	8	3	1	9	6	2	7
1	2	7	6	8	5	3	4	9
8	3	5	2	6	1	9	7	4
6	1	4	8	9	7	2	3	5
2	7	9	5	4	3	8	6	1

178

7	6	3	9	4	5	1	8	2
4	9	1	2	3	8	5	7	6
2	5	8	6	1	7	3	9	4
6	7	4	1	2	9	8	5	3
5	8	9	7	6	3	4	2	1
1	3	2	5	8	4	7	6	9
8	1	7	3	9	2	6	4	5
3	2	5	4	7	6	9	1	8
9	4	6	8	5	1	2	3	7

179

5	2	8	9	7	3	1	6	4
3	7	4	1	2	6	8	5	9
6	1	9	5	8	4	7	3	2
1	5	3	4	6	9	2	7	8
2	4	6	7	3	8	5	9	1
8	9	7	2	5	1	6	4	3
4	6	5	8	9	2	3	1	7
9	3	2	6	1	7	4	8	5
7	8	1	3	4	5	9	2	6

180

6	7	3	2	1	5	4	9	8
8	1	9	6	4	7	5	2	3
2	4	5	3	8	9	7	1	6
9	3	6	7	5	8	2	4	1
7	2	4	9	3	1	6	8	5
5	8	1	4	6	2	3	7	9
4	9	8	5	7	3	1	6	2
1	5	7	8	2	6	9	3	4
3	6	2	1	9	4	8	5	7

181

4	6	1	9	3	8	7	2	5
2	7	8	5	6	1	9	4	3
3	5	9	4	7	2	8	1	6
8	3	4	7	1	6	2	5	9
6	9	5	8	2	4	1	3	7
1	2	7	3	5	9	6	8	4
7	8	6	1	4	3	5	9	2
9	4	2	6	8	5	3	7	1
5	1	3	2	9	7	4	6	8

182

3	6	7	4	5	1	9	8	2
8	9	1	2	6	7	4	3	5
2	4	5	9	8	3	7	1	6
5	3	4	6	7	9	1	2	8
7	1	2	5	3	8	6	9	4
6	8	9	1	2	4	5	7	3
9	2	3	7	4	6	8	5	1
4	7	8	3	1	5	2	6	9
1	5	6	8	9	2	3	4	7

183

2	6	9	5	1	4	8	3	7
5	7	3	9	2	8	4	6	1
4	1	8	6	3	7	2	5	9
3	4	6	7	5	2	1	9	8
8	5	7	4	9	1	3	2	6
9	2	1	3	8	6	7	4	5
1	8	5	2	4	9	6	7	3
6	9	4	8	7	3	5	1	2
7	3	2	1	6	5	9	8	4

184

6	3	5	7	2	1	8	9	4
2	9	8	6	5	4	3	1	7
4	7	1	3	9	8	5	6	2
9	6	2	5	1	3	7	4	8
7	8	4	2	6	9	1	5	3
5	1	3	8	4	7	6	2	9
8	5	6	4	7	2	9	3	1
3	4	9	1	8	5	2	7	6
1	2	7	9	3	6	4	8	5

185

2	4	9	3	6	1	5	8	7
7	6	5	4	9	8	3	2	1
3	1	8	2	5	7	9	4	6
5	8	6	1	4	9	2	7	3
4	3	1	5	7	2	8	6	9
9	7	2	6	8	3	1	5	4
1	5	4	8	3	6	7	9	2
8	2	7	9	1	4	6	3	5
6	9	3	7	2	5	4	1	8

186

6	5	9	7	1	4	3	8	2
3	7	2	9	6	8	1	5	4
8	4	1	5	3	2	7	6	9
4	3	5	6	2	9	8	1	7
1	9	7	4	8	3	6	2	5
2	6	8	1	5	7	9	4	3
9	1	6	2	7	5	4	3	8
5	8	4	3	9	6	2	7	1
7	2	3	8	4	1	5	9	6

187

2	7	9	5	8	3	4	1	6
1	5	4	6	2	7	3	9	8
3	6	8	4	1	9	5	7	2
4	2	6	9	7	5	1	8	3
7	3	1	2	4	8	9	6	5
8	9	5	3	6	1	7	2	4
9	4	2	7	5	6	8	3	1
6	8	3	1	9	4	2	5	7
5	1	7	8	3	2	6	4	9

188

2	5	4	3	1	7	6	8	9
6	9	7	8	5	4	1	2	3
3	1	8	6	9	2	7	4	5
7	2	6	5	8	3	4	9	1
1	4	3	2	7	9	8	5	6
5	8	9	4	6	1	3	7	2
8	6	1	9	4	5	2	3	7
4	3	5	7	2	6	9	1	8
9	7	2	1	3	8	5	6	4

189

1	2	5	8	6	7	4	3	9
6	3	8	9	4	1	5	2	7
7	4	9	2	3	5	6	8	1
8	9	2	6	5	4	7	1	3
5	1	6	3	7	9	8	4	2
4	7	3	1	2	8	9	5	6
2	5	7	4	1	6	3	9	8
9	6	1	5	8	3	2	7	4
3	8	4	7	9	2	1	6	5

190

8	3	9	4	5	6	2	1	7
7	6	2	8	3	1	5	9	4
1	4	5	7	2	9	6	3	8
6	9	1	5	7	2	4	8	3
2	5	8	9	4	3	1	7	6
4	7	3	6	1	8	9	2	5
9	1	4	3	8	5	7	6	2
3	2	7	1	6	4	8	5	9
5	8	6	2	9	7	3	4	1

191

5	9	6	3	1	4	8	2	7
1	2	3	5	7	8	6	4	9
4	8	7	2	6	9	3	1	5
9	4	8	7	2	3	1	5	6
3	5	1	4	9	6	7	8	2
7	6	2	8	5	1	9	3	4
6	3	4	9	8	5	2	7	1
8	7	9	1	4	2	5	6	3
2	1	5	6	3	7	4	9	8

192

6	8	2	9	5	1	4	7	3
5	1	9	7	4	3	6	8	2
3	7	4	6	2	8	9	5	1
8	9	3	4	1	2	5	6	7
1	5	7	3	8	6	2	9	4
4	2	6	5	9	7	1	3	8
7	4	8	1	6	9	3	2	5
2	6	5	8	3	4	7	1	9
9	3	1	2	7	5	8	4	6

193

7	1	3	9	8	2	5	4	6
4	5	2	6	3	1	7	9	8
8	9	6	4	5	7	1	3	2
3	6	7	2	4	9	8	5	1
1	4	8	7	6	5	3	2	9
9	2	5	3	1	8	4	6	7
2	8	1	5	9	4	6	7	3
5	3	9	1	7	6	2	8	4
6	7	4	8	2	3	9	1	5

194

4	2	5	3	1	6	9	7	8
3	8	7	4	5	9	2	6	1
6	1	9	8	2	7	4	3	5
7	9	8	1	6	2	3	5	4
5	3	1	7	8	4	6	2	9
2	4	6	9	3	5	1	8	7
9	5	4	2	7	3	8	1	6
1	7	2	6	4	8	5	9	3
8	6	3	5	9	1	7	4	2

195

2	6	7	4	3	1	5	8	9
1	5	3	8	6	9	2	4	7
4	9	8	2	7	5	6	1	3
7	1	9	5	4	6	8	3	2
3	2	5	9	8	7	4	6	1
8	4	6	3	1	2	9	7	5
5	7	1	6	2	4	3	9	8
6	8	2	7	9	3	1	5	4
9	3	4	1	5	8	7	2	6

196

6	5	9	4	8	3	7	2	1
2	8	4	7	1	9	3	5	6
3	7	1	5	6	2	8	9	4
1	3	6	8	7	5	9	4	2
9	2	8	3	4	1	5	6	7
7	4	5	9	2	6	1	8	3
5	9	2	6	3	7	4	1	8
4	6	3	1	9	8	2	7	5
8	1	7	2	5	4	6	3	9

197

2	3	6	1	5	4	9	7	8
8	5	7	3	2	9	1	6	4
4	1	9	7	6	8	2	5	3
9	4	2	6	7	1	3	8	5
5	6	3	8	9	2	4	1	7
7	8	1	4	3	5	6	2	9
6	7	4	2	8	3	5	9	1
3	2	5	9	1	7	8	4	6
1	9	8	5	4	6	7	3	2

198

5	8	6	2	3	1	7	4	9
2	7	3	4	5	9	6	8	1
4	1	9	6	8	7	2	3	5
8	9	7	5	6	2	4	1	3
6	3	5	1	4	8	9	7	2
1	4	2	7	9	3	5	6	8
7	5	8	9	1	4	3	2	6
9	2	1	3	7	6	8	5	4
3	6	4	8	2	5	1	9	7

199

4	8	5	7	9	1	6	3	2
9	2	7	4	6	3	8	5	1
1	6	3	8	2	5	9	7	4
6	3	8	9	4	2	7	1	5
7	1	4	5	8	6	2	9	3
5	9	2	3	1	7	4	6	8
8	4	6	1	3	9	5	2	7
2	5	1	6	7	4	3	8	9
3	7	9	2	5	8	1	4	6

200

9	3	7	8	2	5	1	6	4
1	4	8	6	3	9	2	7	5
2	5	6	4	7	1	8	3	9
3	7	4	2	1	8	5	9	6
8	2	9	5	6	4	7	1	3
5	6	1	7	9	3	4	8	2
6	8	2	3	4	7	9	5	1
7	1	3	9	5	2	6	4	8
4	9	5	1	8	6	3	2	7

지적 여행자를 위한
슈퍼 스도쿠 200문제 초급·중급

1판 1쇄 펴낸 날 2022년 8월 10일

지은이 오정환
주간 안채원
편집 윤대호, 채선희, 이승미, 윤성하, 장서진
디자인 김수인, 김현주, 이예은
마케팅 함정윤, 김희진

펴낸이 박윤태
펴낸곳 보누스
등록 2001년 8월 17일 제313-2002-179호
주소 서울시 마포구 동교로12안길 31 보누스 4층
전화 02-333-3114
팩스 02-3143-3254
이메일 bonus@bonusbook.co.kr

• 이 책은《지적 여행자를 위한 슈퍼 스도쿠 3코스》《지적 여행자를 위한 슈퍼 스도쿠 4코스》를 합하여 엮었습니다.

ISBN 978-89-6494-511-7 04410

• 책값은 뒤표지에 있습니다.

IQ 148을 위한 두뇌 트레이닝

멘사의 핵심 멤버가 만든 스도쿠 퍼즐의 바이블

멘사 스도쿠 스페셜
마이클 리오스 지음 | 312면

멘사 스도쿠 엑설런트
마이클 리오스 지음 | 312면

멘사 스도쿠 챌린지
피터 고든, 프랭크 롱고 지음 | 336면

멘사 스도쿠 프리미어 500
피터 고든, 프랭크 롱고 지음 | 312면